明式黄花梨家具

晏如居藏品选

刘柱柏 编著

上海三联书店

图书在版编目（CIP）数据

明式黄花梨家具：晏如居藏品选／刘柱柏著 .——上海：上海三联书店，2018.1
ISBN 978-7-5426-6089-3

Ⅰ.①明… Ⅱ.①刘… Ⅲ.①家具－鉴赏－中国－明代－图集
Ⅳ.① TS666.204.8-64

中国版本图书馆 CIP 数据核字 (2017) 第 222750 号

明式黄花梨家具：晏如居藏品选

著　者／刘柱柏

责任编辑／黄　韬

特约编辑／职　烨

书籍设计／陆智昌

编　校／赵　江

摄影统筹／晏如居

资料整理／甄兆荣

封面设计／鲁继德

监　制／姚　军

出版发行／上海三联书店

（201199）中国上海市都市路 4855 号 2 座 10 楼

邮购电话／021-22895557

印　刷／上海雅昌艺术印刷有限公司

版　次／2018 年 1 月第 1 版

印　次／2018 年 1 月第 1 次印刷

开　本／640×960　1/8

字　数／180 千字

印　张／46.75

书　号／ISBN 978-7-5426-6089-3/J · 266

定　价／498.00 元

敬启读者，如发现本书有印装质量问题，请与印刷厂联系 021-68798999

晏如居銘

晉五柳先生隱逸之
士閑靜愛菊爲文章自娛
今人難無恣榮利然式寄情於
山水戎多有所好聊以抒懷明
式家具鬼斧神工文氣簡結觀
賞實用皆宜余甚愛之雖曰戎
之在得今春適購新街一室置
家具期興知己共賞效淵明之
逸趣故曰晏如晏如

己丑四月柱柏撰孟澈書稼生刻

目 录

序

柯惕思（Curtis Evarts）

香港在 20 世纪 80 年代末叶到 90 年代期间，曾作为古典硬木家具交易最热络的中心，对适逢参与其中的我们来说，仍然历历在目。于寻宝的人而言，那是个千载难逢的好时机，造就无数知名收藏的年代。究竟有多少家具被那些无意公开亮相的人悄悄地收藏着，一直是个难以揣测的谜。香港刘柱柏医生在过去二十多年默默累积的收藏，到现在才公诸于世就是一例。

刘医生对中国古典家具这份第二事业的坚持，反映出他热忱有余以及锁定学术发现的探求。单从他自藏品里所挑选的家具契合他装饰精美的住宅，就显露出他饱参江南文人精致的品味。此外，他是藏家中的罕见分子，不但对家具的学术研究真正感兴趣，还对藏品本身的历史、用途、陈置、年份等加以探讨。身为一名心脏专科医生，素有的严谨及缜密，加上学术界同仁与博学的友人从旁帮助，本书涌现了新的见解。

中国家具这块园地因为新颖见解的人士辈出而得以继续成熟，这些妙趣横生且包罗万象的广博见解使学术的质量得以充实。我们恳挚欢迎刘医生对古典硬木家具所做的现今研究的这份热诚贡献，希望这火花也点燃后来者继续寻找传统文化和古物的内蕴。

于上海

2014 年正月十二日

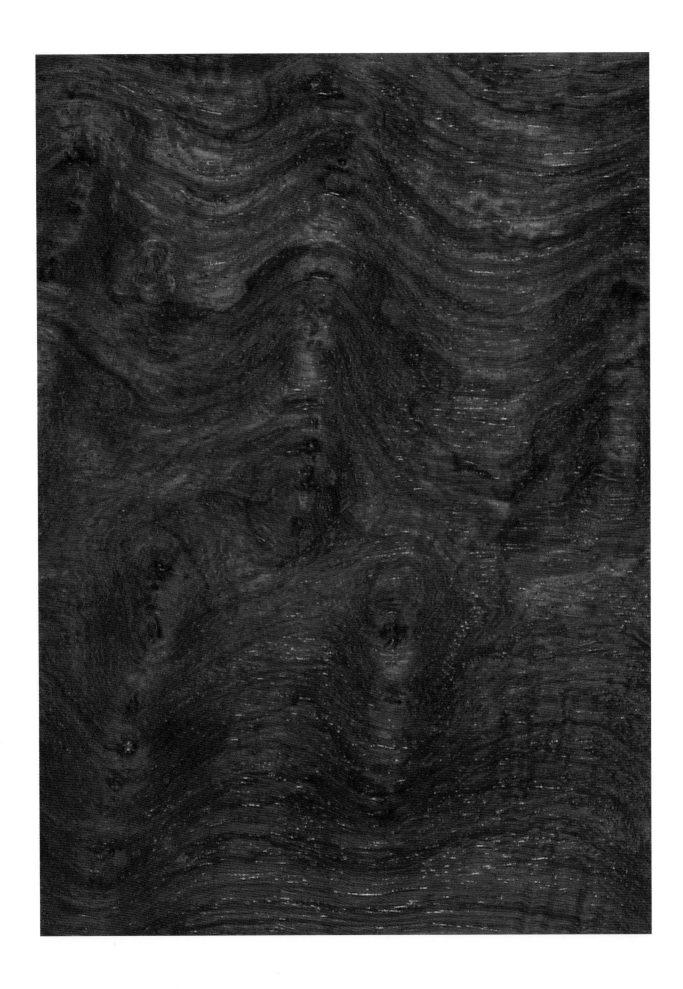

自 序

本不欲造屋，偶得闲钱，试造一屋。自此日为始，需木，需石，需瓦，需砖，需灰，需钉，无晨无夕，不来聒于两耳。乃至罗雀掘鼠，无非为屋校计，而又都不得屋住，既已安之如命矣。忽然一日屋竟落成，刷墙扫地；糊窗挂画。一切匠作出门毕去，同人乃来分榻列坐。不亦快哉！

——金圣叹《三十三则不亦快哉》

2003 年 2 月，我代表香港心脏专科学院，负责筹备国际起搏器及电生理大会。这四年一度的盛事，有三十多个国家的医生、学者出席，与会人数多达四千人。事前从未想到举办会议要兼顾这么多细节，既要筹募经费、邀请讲者，又要安排会议日程，最后自己还得发表研究文章。金圣叹（1608—1661）描述"造屋"的历程正好是我当时的写照。幸好，最后就像文内描述的一样，和众嘉宾济济一堂，"分榻列坐"，参与会议。在致欢迎辞时，我特地用了一张六柱架子床的投影片作开始，因为"床榻"在中国古时是用以接待客人、好友的坐具，属室内最重要的家具。

第一次接触明式硬木家具，是在荷李活道的商店。与大部分香港人一样，本以为中国家具总是黑漆漆的酸枝、笨重的几椅、鸦片烟床及满布雕龙雕花做工的，但一张明代黄花梨四面平琴桌（见第 37 号藏品）改变了这个看法。它黄棕色纹理旋出可爱的鬼脸，而且线条简洁优雅，使我眼界大开，从当时起，就萌生收藏明式家具的念头。

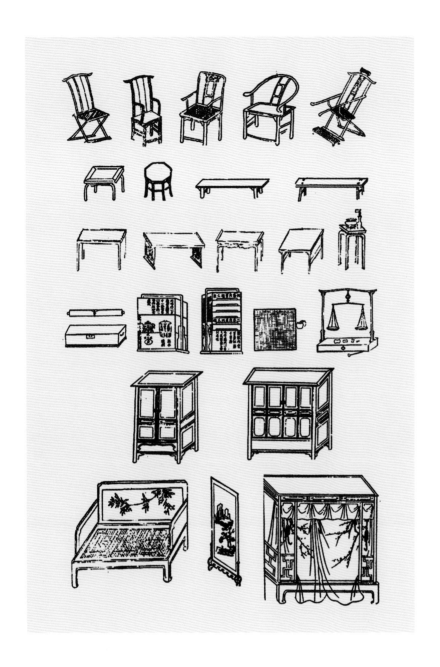

　　我从事心脏病研究、教学及治疗的工作有三十多年。医学诊断是基于病历及病人临床的表征，配以客观的检验。治疗上也得引用文献证实有效的药物与非药物的治疗。明式家具虽然拥有悠久的历史，却要静待到 19 世纪初才由西方的收藏家发掘出来。王世襄先生穷一生精力研究明式家具，他的力作《明式家具珍赏》把这些家具分门别类，不但引起中、西学者对明式家具的重视，也使很多收藏家产生兴趣。查看众藏家发表的文章，他们缕述每件家具的来源，细辨家具上曾改动、修补的地方，反复研究，就像诊症一样。学者们有从文献和明、清古籍的木刻插图去辨别明式家具的种类及探讨它们的用途，也有用科学方法分析遗留在家具上的漆灰，以推断家具制作的年代，甚至有用 X 射线研究榫卯，说明当中结构。明式家具已逐渐成为专门学问。

我一向对中国古典家具有浓厚兴趣。选择以明式家具作为收藏对象,既因为它线条优美,材质精良,深具艺术魅力,也由于明至清初是中国家具的黄金时代,家具种类和形制十分完备,是研究中国家具很好的开端。最初,我本着择其精者的准则,集中搜集紫檀和黄花梨家具;后来想到,如果要对明式家具有深入认识,不能只局限于这两种木材,渐渐也兼及其他硬木家具,如铁力木的和鸂鶒木的。当然,收藏者如对细木家具也有认识,对研究必定有所裨益。收藏道路从来也不是一帆风顺。和其他朋友一样,我也有过不少从"以为它是真"到"或许它是真",最终"肯定它是假"的教训。幸好,其中过程还是愉快的居多。事过境迁,这些教训现在反而成了有趣的回忆。我把这些经过,连同一些前辈藏家专家的经验,写成收藏小记,附在解说之后,和读者分享。

明代《三才图会》所记的家具种类,已经十分完备。它们包括:椅、桌、几、案、盒、箱、棋盘、天平、柜、床及屏风。当中的一些家具,如椅和桌,外形和现代的没有太大分别,只是现代家具或掺入部分西方元素。另外一些如香几、小屏风等,现代家居已很少用到,但在古代却是常用家具。本图录共选取晏如居所藏95件明式硬木家具,以黄花梨木为主,分为床榻、椅凳、桌案、柜架、箱盒、香几及台屏、雅玩小件,共七类。体例上,家具名称参照王世襄先生做法,采用先材质后形制的表述方式,而且每件家具也附有尺寸和年代资料,以便读者参考。明式家具的年代判定是困难的,本书所记的年份只是一个概略,这点希望读者能够体谅。此外,博物馆馆藏和前辈收藏家的藏品,如有可资对照的,也会转录。这本图录记录我收藏家具的历程,载录的藏品均展现明式家具材美工良、结合实用和美观为一体的特色。每件家具附有解说和插图,阐述它们的用途,让读者更深入认识古人的生活面貌。我希望本书能为研究明式家具的学者提供可资参考的例子,也愿读者朋友在翻阅后,有赏心悦目的感受。

刘柱柏

晏如居主人

2016 年 3 月 29 日

绪言：明式家具从香港走向世界

黄 天

谈明式家具，岂能不谈王世襄先生；明式家具，正是从王世襄开始。

奇人而有奇才，畅安先生[1]玩物不丧志，能将各种绝活逐一撰著，出版成《说葫芦》、《蟋蟀谱集成》和《北京鸽哨》，又有专文《獾狗篇》、《大鹰篇》等"旧玩意书"，教一众传统学者瞠愕，但又不能不折服。而王世襄先生震撼全球文博界的绝学，就是对明式家具的研究，突破前人，开创出"明式家具学"，掀起购藏热潮。

抗日战争后期，王世襄先生间关入川，随梁思成先生来到李庄小镇，加入"中国营造学社"[2]。他在梁思成的指导下，用心地研习了《营造法式》，特别是有关小木作的篇章，同时又埋首钻研《清代匠作则例》。这样的学习，是对古代木工作法的一次深入了解，为日后研究家具的结构和装饰，打下了坚实的基础。

抗战胜利后，王世襄先生回到北京，即时将目光投到硬木家具上。但他查找资料，仅见刚于1944年出版的古斯塔夫·艾克著《中国花梨家具图考》（Gustav Ecke, *Chinese Domestic Furniture*），而中文专著则付阙如。王世襄先生不禁慨叹：中国的家具研究竟由外国人来撰写指点。出于民族感情，他非常不服气[3]，立志要写出一本更加完备的中国古代家具书，补此空白。[4]

决心既下，马上行动。首先是搜访家具，城里城外，晓市旧摊，古玩店肆，都有他的足迹。遇有心头爱，或是可资研究的器具，都倾囊购取。那个年代，社会落后，生活穷困，家具购下，王老还要自己当搬运工，将笨重的硬木家具，捆在自行车的支架，运回东城芳嘉园。[5]

好不容易，搜藏得各类几案椅桌、床榻柜箱，堆满一屋。王世襄先生一面观赏，一面研究；时而拆卸，时而组合，遇有疑难，求教名工巧匠，历四十星霜，中经"反右"、"文革"等多重磨难，终于著成巨作《明式家具研究》。

但全文三十万字、黑白图加线图共四百余帧，其篇幅是够大的，印制成本当然不轻，加上这是一个非常陌生的选题，以改革开放初期内地出版社的资金和印制技术来盘算，出版社皆望而却步，不敢贸然开动印刷机。

1985 年 9 月 17 日，王世襄先生在香港中华文化促进中心做明式家具专题演讲。

眼下书稿搁在紫檀大画案上，王老心绪难安（与其字畅安适得其反）。正当畅安先生日夕愁闷之际，伯乐飘然而至。

其时，香港三联书店正谋改革，加强出版业务，萧滋先生到内地拜访名家、学者，访寻稿源。北京文物出版社王仿子社长向萧滋展示一批学者的书稿提要。在芸芸锦篇之中，萧翁独爱王稿，请约晤谈。

何以萧滋的"选秀"会独钟王老之作？原来萧翁代理、经销图书三十余载，经眼中外书籍不知凡几。早年，曾看到艾克所著的《中国花梨家具图考》在香港重印，他颇感惊讶，原因有二：一是外国人竟能写出研究中国家具的专书；二是中国家具的魅力能倾倒洋人。而此书能够再版，当有一定的读者群。他有了这个认识，故能独具慧眼，选出一般出版人看不上眼的王世襄书稿。这就是后来誉满全球的名著《明式家具珍赏》与《明式家具研究》。

当萧翁看过王老的书稿，沉思片时，继而用他对图书出版的专业知识，解释时下的文物、艺术书要有精美的彩图，才可以吸引读者，所以建议将原稿改写为约六七万字的概论，然后搬出具代表性的经典家具，以彩色正片重拍，这样便可以编辑出版成一本具观赏性而又实用的大型画册，引起哄动，带来影响。头炮打响，再发第二炮，那就是三十万字的原稿（即《明式家具研究》）。

王老听罢，大喜过望。因为他的心愿只有一个，就是把他四十年心血之作出版成书。现在还"多生一个"，再辛苦也在所不辞。

当时国内的物资条件落后于香港，萧滋先生为支援拍照，除寄送彩色胶卷，更派员携送布景纸，讲解拍摄时要注意的地方。

出名吃得苦的王世襄先生，虽年近古稀，但仍然干劲十足，四出奔走，领着摄影师重拍彩照。辛勤凌霜雪，寒暑两易更，彩图新稿，终告完竣。

香港三联书店接了王老的图稿，即开始排版设计。我于1985年1月加入三联书店，有幸接编畅安先生的大作。首先，我细心阅读过去两年王老发来的数十封书函，以了解畅安先生对其稿件所提的各种指示和增补，然后做了笔记，复函一一作答。我又大胆提请将原书名《中国传统家具的黄金时期——明至清前期》改为《明式家具珍赏》，至于三十万字的学术著作则名为《明式家具研究》，都为六字，对衬成姊妹篇。畅安先生收到我的建议，欣然赞同。这两本经典的书名，就是这样敲定下来的。[6]

是年7月10日，我北上京华，拜谒早已鱼雁相通而尚未谋面的王世襄先生。王老对我这个晚辈雅爱殷殷。追怀至此，令我最难忘的是与王老一同坐在明式家具上，据着紫檀大画案，校阅《明式家具珍赏》和《明式家具研究》清样的时光。

1985年（刚巧是三十年前）9月15日，首部由中国人撰著的中国家具专书《明式家具珍赏》面世，王世襄先生获邀来港出席发行仪式。当他看到自己大半生攻关钻研的著作印制成精美的《明式家具珍赏》，欣喜莫名，泪盈于睫，在我的样书上，激动地挥笔写下："先后奋战，共庆成功"的题词。

为配合《明式家具珍赏》的首发，萧滋先生提议办一个"明式家具展"，交由我来统筹。当年能藏有明式家具的人真如凤毛麟角，几经打听，才从罗桂祥、梁鉴添、伍嘉恩、袁曙华四藏家商借得藏品，共十七件，在那并不宽敞的中环三联展览厅举办起"明式家具展"来。香港的收藏家和文物爱好者慕名

王世襄先生在黄天的样书上挥笔题词

前来观赏，场面相当热闹。而报章、杂志和电视也争相报道，成为城中话题。

又有谁知道这个小型的"明式家具展"，经过有心人的寻根溯源，将其评为世界上首个明式家具专题展。[7]

与此同时，王世襄先生先后在东方陶瓷协会和中华文化促进中心举行公开讲座，亦是王老首次作明式家具专题演讲。

香港的文化界和收藏界很多都景仰王世襄先生的奇才博学，盼能交流请益。于是三联书店又宴请相关人士，与畅安先生共叙，畅谈家具，论说文玩。记忆中出席者有叶承耀、钟华楠、钟华培等人。

《明式家具珍赏》真可谓一鸣惊人，不独洛阳纸贵，马上再版，并连出英、法、德文版，而且古董家具行业纷纷参照《明式家具珍赏》的实测图纸来仿制，带来行业的兴旺。

也有收藏家因为对明式家具"惊艳"，为之倾倒，开始四出访寻搜藏。其中攻玉山房主人叶承耀医生，经过近三十年的追访，荟萃奇珍，终一跃而成为世界著名的明式家具收藏家。而伍嘉恩小姐早已钟情明式家具，后得王世襄先生指授，品鉴力大进。她亦寓藏于估，渐成一大行商。

香港心脏科专科医生晏如居主人刘柱柏，后起继武，痴爱明式家具，二十年来四出"狩猎"，收获甚多，藏弆日丰，几案桌椅、柜架床榻皆备。复集藏日用木器，雅玩小品，卓然成一大藏家。惟刘柱柏医生并非一味的玩赏，而是端坐在黄花梨南官帽椅上，挑灯夜读明人小说、笔记，寻找昔日的家具与人文景观，探研生活与艺术的结合共融，开拓出研究明式家具的新篇章，教人欣喜、鼓舞。我知道刘医生对这项研究还是在起步阶段，相信不久将来还会有更丰硕的成果。

刘柱柏医生和香港的一些藏家常说自幼受英文教育长大，谦称中文欠佳。其实他们可能没有察觉到：他们对明式家具的渊然深识，并能使用娴熟的英文向海外推介，无疑在文化交流上作出了贡献。

萧滋先生带领三联书店为王世襄先生出版了《明式家具珍赏》和《明式家具研究》，同时举办了首个明式家具展。而王老在香港作出首次明式家具专题演讲后，继而走向世界，巡回讲演。香港得此先机，很快便成为明式家具的集散地：多少家具珍品由此出口海外；但若干年后，又回流香港，甚至重返内地。而香港的一批收藏家，至今仍珍藏着很大一部分明式家具的典雅佳品。走笔至此，我不禁轻呼：

明式家具热潮，从香港掀起，

明式家具走向世界，从香港出发，

香港与有荣焉！

2015 年《明式家具珍赏》出版三十周年前夕

注释：

1 王世襄（1914—2009），字畅安。我与王老通信时，作为晚辈，多以"畅安先生"敬称之。研究中国古代家具的专著，虽然以德国人艾克的《中国花梨家具图考》为嚆矢，但他并没有明确标示和区分出明式家具来。而王世襄则从家具的结构特式、造型特征等鉴证出明式家具，并为其分类，更结合木工的术语，创造出很多构件和装饰的名称，开创出"明式家具学"来。

2 "中国营造学社"由朱启钤出资于 1930 年在北平创办，早期的社员有梁思成、刘敦桢、艾克等先贤。

3 《明式家具珍赏》出版后，王老喜极撰成五言古诗，书赠三联书店萧滋，诗的最后四句是："从此言明式，不数碧眼胡；君我堪吐气，心怀一时舒。"

4 王世襄先生曾撰成《中国古代家具》初稿，参见《明式家具研究》（香港：三联书店〔香港〕有限公司，1989）卷首朱启钤题签。

5 王世襄居住北京朝内大街芳嘉园 15 号逾八十年。

6 详见拙文〈我为王世襄先生编经典〉，载香港《信报》，2010 年 1 月 16 日。

7 此前虽有中国家具展，但却没有明确标示为"明式家具"的主题展览。

明式家具的人文景观

林光泰　刘柱柏

明清两代是中国古典家具光辉璀璨的时期。明代家具充分汲取宋代家具的工艺，而且在种类和形制上，更蔚然完备。明代前期，硬木家具还没有大量出现，隆庆、万历以后，硬木家具才渐成时尚，这从范濂（1540—？）《云间据目抄》和张岱（1597—1679）《陶庵梦忆》可以见到。清代家具继承明代家具的优良传统，又向前发展，做工繁复细致，讲求华美装饰。当中宫廷家具用材精良，结合多种雕饰和镶嵌工艺，风格瑰丽，更是清代家具的典范。

早在上世纪，明清硬木家具已是收藏家和学者的研究对象。1944 年德国收藏家古斯塔夫·艾克（Gustav Ecke）出版了《中国花梨家具图考》，集中介绍明末清初的黄花梨和紫檀家具。20 世纪 70 年代，美国学者安思远编著《明代与清初中国硬木家具图录》（R. H. Ellsworth, *Chinese Furniture: Hardwood Examples of the Ming and Early Ching Dynasties*），也以明末清初的紫檀和黄花梨家具为探究对象。80 年代，王世襄先后出版《明式家具珍赏》和《明式家具研究》二书，提出"明式家具"的说法。他所谓明式家具是指"明至清前期材美工良、造型优美的家具。这一时期，尤其是从明代嘉靖、万历到清代康熙、雍正这二百多年间的制品，不论从数量来看，还是从艺术价值来看，称之为传统家具的黄金时代是当之无愧的。"自此以后，"明式家具"成为专门用语，广为研究者和收藏家采用。90 年代开始，博物馆和收藏家纷纷出版图录，公开藏品。实证渐多，研究日趋深入，有运用出土文物，探讨形制演变的；有依据笔记和方志，考究用材的；有从审美角度，讨论线条造型的；有参考明清刊本的木刻插画，阐明家具用途的；也有从传统木艺出发，分析结构做工的，珠玉纷呈，成绩粲然可观。

家具和生活息息相关，由家具去了解古人的生活习惯和社会风尚，是探索明式家具的另一乐趣。明清两代的小说、戏曲、笔记、画作和木刻插画，提供了这方面的丰富资料。以下我们从衣食住行四方面，为大家略为介绍。

在服饰上，明代文士一般穿袍衫，女子则多穿背子和襦裙；到了清代，男子穿袍褂，满族女子穿长衫，汉族女子则穿裙袄，外套比甲。在起居中，衣服是搭放在衣架上（参见藏品 80），而不是用钩子挂在衣架上。明崇祯刊本《金瓶梅》有《捉奸情郓哥设计》这幅插画[1]，清楚展现当时的生活细节。画中，衣架放在榻旁，靠近墙壁，架身不带钩子，衣服搭在衣架上。类近的场景，也见于光绪三十二年（1906）《黑海钟》的插画中[2]，可知这个生活习惯到清末也没有改变。把衣服搭在衣架的记述，也可在明清小说中找到。《西游记》第72回记孙悟空为使女子走不出浴池，便化身老鹰，把她搭在衣架上的衣服叼去。《儒林外史》第53回记陈木南到徐九公子家中作客，席间脱去外衣，管家把它细意折好，然后也是放在衣架上。日常起居以外，衣架也用于丧礼。据明代章潢（1527—1608）的《图书编·设魂帛》记述，明人会在先人遗体前，摆放衣架，架上挂有素幔。衣架前放有交椅，交椅座面铺上素褥，素褥上摆放给死者的衣物，故此在日常口语中，明人称赠送衣服给死者为"搭衣架"。明代王三聘（1501—1577）《事物考》记："凡始死以珠玉实口中，曰含；以衣衾赠死者曰禭，禭即俗谓搭衣架是也。"可作证明。

最容易见到家具和饮食的关系是饮宴场景。明代小说《三宝太监西洋记通俗演义》有一幅插画描绘金銮殿的宴饮情况[3]。画中有三张半桌（参见藏品36），摆成"Π"形。桌子围有织锦，桌上摆放佳肴美食。桌后各有两人并排而坐，旁边有侍从为宾客斟酒。正中食桌摆有灯挂椅（参见藏品18），左右两张食桌则放置圆凳。这个编排，说明了坐在正中桌子的，地位较尊贵，应是主人和贵宾；坐在两旁的，地位较次要，属一般客人。民间宴席上，座次编排似乎没有这样讲究。《金瓶梅·西门庆观戏动深悲》这幅插画描绘西门庆和朋友饮酒作乐的情况[4]。画中，桌椅编排没有刻意区分主人和宾客的身份，人物都坐在灯挂椅上，前面摆放一张围上织锦的长桌，桌上放置酒食。他们坐在大厅左右两侧，正在观赏中间的戏曲表演。此外，从这两幅插画中，我们也可以见到在隆重的宴会上，明人是并排而坐，围桌而坐似乎要到清代后期才成为习惯。清光绪十八年（1892）《儿女英雄传评话》有一幅描绘饮宴的插画[5]，画中的宾客围着方桌而坐。光绪二十年（1894）《海上花列传》另有一幅宾客围着圆桌而坐的插画[6]，也可用来支持这个说法。宴饮另外一个主题是菜肴的数目，郎瑛（1487—？）《七修类稿·卷21》记，明人设宴，桌上菜肴包括"五果、五按、五蔬菜"，汤食数目非五则七，酒则不计算在内。另外，主人在两楹之间设有酒桌，上面摆放酒壶、酒盏和马盂。据清代俞樾（1821—1907）《茶香室续钞·卷23》解释，马盂，又称折盂，是倾弃席间残酒的器具，元明两代十分普遍，到了清代，已难见到。不过，清人仍称倾倒杯中的残酒为折酒。

在居室中，架子床（参见藏品1）和顶箱立柜（参见藏品53）等因体积庞大，不易搬动，故只见于卧室。其他家具一般是因应不同需要，灵活放置的，例如榻（参见藏品5），可以在书房和卧室见到，也可以在花园见到。在《遵生八笺》中，案（参见藏品30）既见于药室，又可在佛堂和书室找到。在厅堂上，最常见到的是椅和凳。明崇祯刊本《鼓掌绝尘》有一幅主人待客的插画[7]，画中，厅堂上放有两张官帽椅（参见藏品12），主客相对而坐，旁边有侍童听候差遣。清人俞樾《春在堂随笔》对主客相聚的座次，有以下一段说话：

前明及国初人尺牍，有周文炜与壻王荆良一牍云："今人无事不苏矣，东西相向而坐，名曰苏坐。主尊客上坐，客固辞者，再久之，曰求苏坐，此语大可噱。三十年前无是也。坐而苏矣，语言举动，安得不苏。若使宾客端端正正南向，主人端端正正北向，观瞻既正，礼仪自肃。"按今人寻常燕集，主宾东西相向，往往有之，然无苏坐之名矣。又据此可知前代礼席，宾南向，主则北向，今亦无是。

俞樾引明末周文炜的说法，指过去主人为表尊重，一般邀请客人朝南而坐，而自己则面北而坐，但明末苏州人，则流行苏坐，即是主客东西相向而坐。对于苏坐，周文炜大大不以为然，认为有违礼俗；然而到了清中叶以后，日常聚会，主人和客人东西对坐，已是司空见惯，而在宴席上，主客南北相向而坐，反而罕见，礼俗改变，自然影响了厅堂上椅子布置。

古人出门或往返官署，或以轿代步，为了方便携带重要文件或者物品，一般带有轿箱（参见藏品63）。轿箱呈长方形，箱底两端向内凹入，可卡在轿杠之间。轿箱的顶部可以是平直的，也有呈枕形的（参见藏品64）。枕形轿箱方便在远行时，用作头枕，让人稍事安歇。清代梁章巨（1775—1849）《归田琐记·卷2》有一段轿箱的记载，颇能阐述它的用途：

相传国初徐健庵先生食量最宏……乾隆年间，首推新建曹文恪公（秀先）……每赐吃肉，准王公大臣各携一羊腿出，率以遗文恪，轿箱为之满，文恪取置扶手上，以刀片而食之，至家则轿箱之肉已尽矣。

曹秀先（1708—1784）是否有这样大的食量，可在到家前，把王公大臣所赠的羊腿吃光，不得而知，不过，这则故事却凸显了轿箱盛载物品的功用和属轿内用具的特点。此外，古人喜郊游，也有专为出游而设的用具。屠隆（1542—1605）《游具雅编》详细列举郊游器物，它们包括：笠、杖、渔竿、舟、叶笺、葫芦、瓢、药篮、衣匣、叠卓（桌）、提盒、提炉、备具匣、酒尊（樽）等。万历《西湖记·西湖邂逅》这幅插画描绘时人到西湖游玩的情景[8]。画中有两组人物，一组泛舟湖上。小舟船头宽阔，船身两旁设有栏杆，中间安有帐篷，帐篷下摆放一张桌子，舟中人物围桌子而坐，欣赏水光山色，船头有一梢公正在操桨；另一组在湖畔赏景，他们沿着湖边信步而行，侍童携着提盒、提炉和酒尊，跟随其后。画中的游具，和屠隆所记的大抵一致。提盒（参见藏品69）用来盛载酒食，更是郊游必备之物。《三才图会》记有"山游提合"的图样，高濂《遵生八笺·起居安乐笺》描述提盒"高总一尺八寸，长一尺二寸，入深一尺"，外形犹如小厨，用来放置酒杯、酒壶、筷子和菜肴。

春天物候宜人，是古人最常出游的季节，高濂曾在《遵生八笺·起居安乐笺》生动地描述了春游之乐："时值春阳，柔风和景，芳树鸣禽，邀朋郊外踏青，载酒湖头泛棹。问柳寻花，听鸟鸣于茂林，看山弄水，修禊事于曲水。……此皆春朝乐事。"而农历三月三日是古人最常春游的日子。古人在农历三月第一个巳日，会到郊外水边举行祓禊活动，以驱除疾病和不祥，这日又称为禊日。汉代以后，祓禊逐步发展为踏青和江头吃饮等郊游活动。文人雅士也会于该天，一起到风景优美的郊外饮酒赋诗，相与为乐。当中最为人认识的修禊活动是东晋永和九年（353），王羲之（303—361）与文士在浙江会稽山聚会，赋诗作乐。这些诗歌最后汇聚成《兰亭集》，由王羲之撰序，就是着名的《兰亭集序》。唐代开始，修禊一般定于农历三月三日，杜甫《丽人行》中"三月三日天气新，长安水边多丽人"便是描述禊日，长安曲江池的郊游盛况。唐代以后，这个习俗仍然流传。宋濂（1310—1381）在《桃花涧修禊序》中记述元代至正十六年（1356）三月上巳，和郑彦真等在浙江浦江县玄麓山修禊，曲水流觞，写诗为乐。清代王渔洋（1634—1711）在《渔洋山人自撰年谱》中，也记康熙三年，他在扬州，与林古度（1580—1660）、孙枝蔚（1620—1687）和杜浚（1611—1687）等修禊，又以冶春诗与诸人唱和。

从家具去窥视古人生活面貌，以上只是当中的一鳞半爪，内容不能算是全面；不过，这或是探讨明式家具的一个方向。

2014 年 9 月 10 日

注释：

1 广西美术出版社编选：《明代崇祯刻本〈金瓶梅〉插图集》，南宁：广西美术出版社，1993 年，页 13。

2 国家图书馆编：《西谛藏珍本小说插图》（全 10 册），册 10，北京：全国图书馆文献缩微复制中心，2002 年，页 5299。

3 汉语大词典出版社编：《中国古代小说版画集成》（全 8 册），册 2，上海：汉语大词典出版社，2002 年，页 576。

4 同注 1，页 123。

5 同注 2，册 9，页 4397。

6 同注 2，册 10，页 4882。

7 同注 3，册 5，页 270。

8 首都图书馆编：《古本戏曲版画图录》（全 5 册），册 2，北京：学苑出版社，1997 年，页 238—239。

晏如居藏品选

一、床榻

1

黄花梨六柱架子床

明末清初　16 世纪末至 18 世纪初

长 209 厘米、宽 155 厘米、高 190 厘米、座高 49 厘米

人生百年，所历之时，日居其半，夜居其半。日间所处之地，或堂或庑，或舟或车，总无一定之地，而夜间所处，则止有一床。是床也者，乃我半生相共之物，较之结发糟糠，犹分先后者也。人之待物，其最厚者，当莫过此。

——李渔《闲情偶寄·器玩部·制度第一》

这段文字出于明末清初文学家及戏曲家李渔（1611 — 1680）。他认为人生大半时间在床上度过，对它必须细加爱惜，甚至戏言床的地位比结发妻子还高，足见明人对床十分重视。在中国，床很早已经出现。明代罗颀《物原》（成书于成化年间〔1465 — 1487〕）记有神农氏发明床，少昊始作簧、吕望作榻的传说。汉代许慎（约 58 — 147）《说文解字》解释床为"安身之坐者"，可见床在古代不止是卧具，也是坐具。到了明代，垂足而坐已成人们日常习惯，床逐渐成为专用寝具，只置于内室，不见于厅堂。明代中叶以后，经济繁荣，生活要求日高，制作简单的床已难满足时人需要，床慢慢走上舒适、华丽和结构繁复的发展方向。明代《金瓶梅》（成书约于隆庆〔1567 — 1572〕至万历〔1573 — 1620〕年间）第九回中，西门庆刚娶了潘金莲，便花了十六两银子，给她买了一张黑漆欢门描金床，然后又替她买了两个丫头，一个五两，一个六两，共十一两，价格还比不上那张床！

明代的床类目繁多，从形制上，大致分为四类：榻、架子床、罗汉床和拔步床。架子床指有柱有顶，和床帐配合使用的床。这种床通常是三面攒边装围子，围子一般不到顶。床下装四腿，床面铺藤屉。床的四角立柱，上承顶架，顶架下四周设挂檐。由于它有四根床柱，又带顶架，所以称为"四柱架子床"。结构较四柱架子床繁复的是六柱架子床，构造和四柱架子基本相同，只是在床沿增添两根门柱，门柱和角柱之间加上两块方形的门围子，因此称为"六柱架子床"或"带门围子架子床"。

此六柱架子床通体以黄花梨制作，特点在于顶架下的挂檐以绦缳板攒镶而成，上雕螭纹，与一般镂空或穿透设计有别。挂檐下安有浮雕螭纹的

别例参考

存世完整的架子床不多。北京故宫博物院藏有明代黄花梨带门围子架子床，形制相同，只是该架子床的门围子纹饰以两个"卍"字组成，见朱家溍主编《明清家具（上）》（2002），页 6-7；王世襄编著《明式家具珍赏》（1985），页 188 – 189。其他六柱架子床收藏，可见上海博物馆编《上海博物馆中国明清家具馆》（1996），页 14 – 15；台北历史博物馆编辑委员会编《风华再现：明清家具收藏展》（1999），页 112。

此床曾载录于佳士得 2009 年香港的拍卖会目录，见 Christie's, *The Imperial Sale: Important Chinese Ceramics and Works of Arts*（Hong Kong, 2009）, 页 202 – 203, Lot 1962。

曲边牙条和角牙，使床柱结构更加牢固，又令顶架线条富于变化，避免单一呆板。门围子做法和挂檐不同，以横材和竖材攒接成棂格栏杆，上加团螭纹卡子花。这样编排令门围子和挂檐一虚一实，上下呼应。床面为席面板心，床身带小束腰，腿间设曲边壶门牙条。牙条左右各雕一螭，螭首对望。牙条线脚在牙条中间形成如意回纹，然后沿着牙条曲线向左右伸延，与腿足线脚相接。腿为内翻三弯腿，足部刻卷云纹。此架子床形制工整，布局细致，风格简朴但线条多变，是明式架子床之精品。

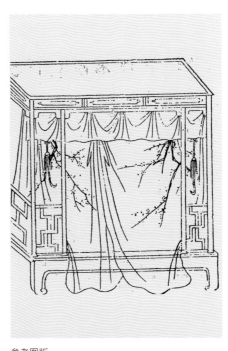

参考图版

六柱架子床　明万历刊本《三才图会》插图

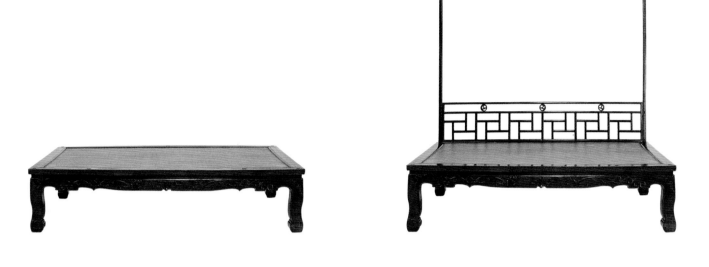

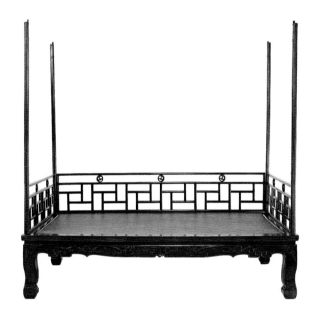

1 —— 黄花梨六柱架子床

2

黄花梨无束腰禅榻

明末清初 16 世纪末至 18 世纪初

长 111 厘米、宽 86 厘米、高 51 厘米

此禅榻长约一米，宽不足一米，高约半米，形制类近魏晋（220 — 420）的独坐榻，应是作静坐之用。禅榻本用于僧侣禅房，宋（960 — 1279）、明（1368 — 1644）以来，文人学士也会静坐，或为参禅，或为修真，或作为自己进德修业的工夫。明代东林党领袖高攀龙（1562 — 1626）便将"半日静坐，半日读书"视为自己的学习规程，这或是禅榻不止见于禅房，也见于家居的一个原因。

该榻以黄花梨制作，席面藤屉，榻面下只立牙条，不带束腰，直腿横枨，风格简约明快。它的特色在于以笔直线条凸显本身轮廓，而且所有构件都以最简单方式接合，呈现禅坐的空灵特质。脚枨编排也见心思，不用步步高方式，而采平行布局，四根脚枨安于同一高度，既令四腿牢固坚稳，也令榻下空间更显宽阔，带出疏旷之感。全榻唯一雕饰，是牙条阳线在牙头卷成灵芝纹，令整体做工增添变化。

别例参考

明清两代，禅榻为常见家具，却极少留存下来。美国加州中国古典家具博物馆曾藏有一黄花梨禅榻，外形大小均与此榻相仿。该馆的提要还记录 1994 年末，香港古董市场曾出现一张形制相同的禅榻，本藏品或是该存世的黄花梨禅榻。见王世襄、柯惕思合编《中国古典家具博物馆藏精品》（Wang Shixiang and Curtis Evarts, *Masterpieces from the Museum of Classical Chinese Furniture*, 1995），页 4，以及王世襄编著、袁荃猷绘图《明式家具萃珍》（2005），页 20 - 21。佳士得 1997 年纽约的拍卖会目录也载录一张形制相仿的禅榻。该榻用材较粗大，脚枨位于腿足较高处，见 Christie's, *The Mr. and Mrs. Robert P. Piccus Collection of Fine Classical Chinese Furniture*（New York, 1997）, 页 68, Lot 21。

参考图版

禅榻 清康熙刊本《梁武帝西来演义》插图

3

黄花梨三屏风攒接围屏罗汉床

明末清初　16世纪末至18世纪初
长195厘米、宽92厘米、高83厘米、座高48厘米

罗汉床外形独特，不同于架子床或拔步床，一般长两米，宽一米至一米半，三面带围屏但无床柱，用途与榻较为相近。它可卧可坐，也可用来会客，多放于厅堂或厢房。罗汉床之名，不见于文献，难以稽考。有人认为它外形像一尊端坐的胖罗汉，因而得名；有人认为它与寺院中罗汉像的台座相近，故以之命名，也有人认为它的围板相接，中间没有立柱，形制和石桥栏杆的"罗汉栏板"类同，所以有此称呼。众说纷纭，难下定论。

此床通体以黄花梨制作，特点在于围子做工繁复。工匠以短材攒接成带委角的方形格子，再在方格之间加上曲尺图案，然后连缀成方胜盘长栏杆样式，这个做法呈现空灵通透的效果。围子以走马销扣紧，构造牢固，而且可供拆装，便利搬动。床面为席面穿藤屉，冰盘沿。床面下有角枨，正中设一穿带，结构牢固坚稳。床身素净，束腰与牙条由一木连造，腿足作直腿内翻马蹄样式，与牙条牙头以抱肩榫相接。罗汉床一般予人沉稳厚重之感，此床却简练轻盈，风格迥然不同，想是文士书斋之物，既可用来坐息，又可在上面调琴读书、品茗弈棋，洗涤尘虑。

这张床虽不见大料，但做工精细，单是制作围子，已用上了过百根短材，其间凿孔穿榫、攒接合并所花之工夫，可以想见。古代工匠善于量材作器，他们非凡的手艺、精巧的心思，于这张形制工整、线条舒畅的罗汉床中展露无遗，也是它弥足珍贵之处。

别例参考

存世的攒接方胜盘长式围屏罗汉床不多，北京故宫博物院藏有明黄花梨罗汉床。该床围子以委角方格配合十字图案组成，床正中位置上层的卡子花分布不够自然，疑为后加之物，见朱家溍主编《明清家具（上）》（2002），页15。田家青编著《清代家具（修订本）》（2012）录有一张黄花梨三屏风罗汉床，页230；美国加州中国古典家具博物馆也曾藏有一张紫檀曲尺式围子罗汉床，见王世襄、柯惕思合编《中国古典家具博物馆藏精品》（Wang Shixiang and Curtis Evarts, *Masterpieces from the Museum of Classical Chinese Furniture*, 1995），页16–17以及王世襄编著、袁荃猷绘图《明式家具萃珍》（2005），页140–141。

参考图版

三屏风式围屏罗汉床　元至顺刊本《事林广记》插图

收藏小记

　　朋友初到我家中，总误认罗汉床为清末的鸦片烟床。鸦片烟床没有固定形式，但比较窄身，大者可容二人同卧，头接近后背。鸦片烟床多为酸枝制，是退化了的罗汉床。

4

铁力木独板围屏罗汉床

明末清初　16 世纪末至 18 世纪初

长 208 厘米、宽 137 厘米、高 79 厘米、座高 53 厘米

在硬木树种中，铁力木最为高大，因其料大，故多用来制作大型器物。

此罗汉床年代久远，呈深褐色，透出古朴厚重之意韵，而且外形壮硕宏大，尽展铁力木家具当然本色，与前面黄花梨罗汉床轻盈清俊的风格迥异其趣。

古人称独板为一块玉，视之犹如珍宝。这张床三面围屏均以独板做成，而且纹理相近，应为一料制作，尤其难得。正面围屏中间雕有寿字纹，左右各有一龙，龙首对望。两边围屏均饰有两组团龙纹，雕工圆熟精到。围屏均立委角，令整体线条富于变化。床面为席面板心，冰盘沿，束腰与牙条由一木连造。牙条刻卷草纹，刀工简练有力。腿为外翻三弯腿，足前有珠，均以一木制成，坚实遒劲。这张罗汉床用料讲究，似是用一棵大料做成，各个部件比例匀称，形制整饬而不拘谨，为铁力木家具典范之作。此床壮大弘硕，应是置于厅堂之上，显示主人的襟怀器度。

别例参考

美国明尼阿波利斯艺术学院（Minneapolis Institute of Arts）录有一独板罗汉床，形制类近。该床以铁力木和鸂鶒木制作，同样以三块厚板作围子。围屏均立委角，雕有团花图案。床身带束腰。腿足则采鼓腿彭牙式，而非外翻马蹄式，见罗伯特·雅各布森、尼古拉斯·格林德利编著《明尼阿波利斯艺术学院藏中国古典家具》（Robert D. Jacobsen and Nicholas Grindley, *Classical Chinese Furniture in the Minneapolis Institute of Arts*, 1999），页 84–85。其他独板罗汉床收藏，可见台北历史博物馆编辑委员会编《风华再现：明清家具收藏展》（1999），页 107；朱家溍主编《明清家具（上）》（2002），页 17；王世襄编著《明式家具珍赏》（1985），页 183；田家青编著《清代家具（修订本）》（2012），页 231。

参考图版

罗汉床　明三彩明器

5

黄花梨六足折叠式榻

明末清初　16 世纪末至 18 世纪初

长 213 厘米、宽 93.5 厘米、高 52 厘米

榻在古代可作坐具，又可作卧具。唐代徐坚（659 — 729）《初学记·卷 25》引东汉（25 — 220）服虔（约 168 在世）《通俗文》："床三尺五曰榻，板独坐曰枰，八尺曰床"，可见榻本指短小的床。它的座面或设围屏，或立帐子，也可素净无物。魏晋南北朝（220 — 589）以降，形制较大的榻日渐出现，《龙门石窟》的《涅盘图》和北朝（386 — 581）墓壁画已有六足榻之形象。

此六足榻上承旧制，席面藤屉，无围屏，小束腰与牙条以一木连造。腿作马蹄腿，中间两腿上端为插肩榫。大边裁为两截，以叶铰相连，可左右对折。牙条及腿足均起粗皮条线脚，是这榻的唯一装饰。此榻特点在于座面、腿足、牙条均可分拆，便于搬动。明清两代，榻多置于厅堂、厢房或书斋，供会客、坐息或读书之用。这榻以黄花梨制作，造型简练，线条流畅，应为江南士绅商贾家中之物。

由魏晋（220 — 420）到明清（1368 — 1911），榻不断发展变化，由箱座式榻，到腿足式榻，再演变成折叠式榻。晏如居藏有一榉木带托泥榻（长 204 厘米、宽 81 厘米、高 54.5 厘米），外形和箱座式榻无异。若拆去托泥，它便和腿足式榻十分相似；再把该榻在中间分开，就可以割成两张独立的方凳。事实上，明清两代有以方凳拼成长榻的例子。柯惕思著《中国古典家具与生活环境》（Curtis Evarts, *Classical and Vernacular Chinese Furniture in the Living Environment*, 1998），页 98 — 99，录有一楠木箱座式长榻，做工别致。它由三个带壶门圈口小箱组成，分开后，可变成三张方凳，用途多变，搬动容易。晏如居另藏有一对黄花梨方形禅凳，它们席面素身，带束腰牙条，直腿内翻马蹄足，拼合一起，就可组成一张小榻，外形和拆去托泥的榉木榻非常接近。这双禅凳若配上叶铰，形制便与这张折叠式榻大体一致。折叠式家具形制独特，用途广泛，在明式家具中可别为一类，此黄花梨折叠式榻正是其中范例。

别例参考

存世的折叠式榻罕见，北京故宫博物院有一黄花梨六足折叠式榻，形制相仿。该榻榻面为条板，前后腿作三弯腿，中间两腿则为宝瓶形马蹄腿。牙条与腿足均有花草鸟兽纹饰，见王世襄编著《明式家具珍赏》（1985），页 182；田家青编著《清代家具（修订本）》（2012）也录有另一张折叠式榻，该榻做工精细，体形硕大，颇具气势，见页 228 — 229。

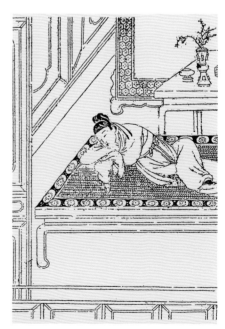

参考图版

榻　明万历刊本《西厢记》插图

收藏小记

经历数百年后，明式家具仍十分实用，不只限于观赏价值。其折叠的功能，使
这庞然大物可以放进载客升降机，送进我家里，成为大厅的咖啡桌！

二、椅凳

6

黄花梨交杌

明末清初　16世纪末至18世纪初

长58.5厘米、宽40厘米、高39.5厘米

床前明月光，疑是地上霜。

举头望明月，低头思故乡。

唐·李白《静夜思》

这首家喻户晓的诗，多解释为李白（701 — 762）在床上，因挂念故乡不能入睡之作。但试想，躺在床上是没办法抬头或低头的。何况唐朝的房屋中，窗户十分细小，多糊上纸，看见月光的机会甚少。故收藏家马未都先生认为李白说的床，其实是胡床，或俗称"马扎"。这诗的语境清晰，动作清清楚楚：李白是坐在一个马扎上，身处庭院里，在明月下思乡（见马未都著《马未都说收藏·家具篇》〔2008〕，页22）。

胡床又称交杌，早在汉代已由西域传入，《后汉书·五行志》有汉灵帝（156 — 189）好胡服、胡帐、胡床、胡座的记载。刘义庆（403 — 444）《世说新语》也多次提到胡床，可见它在南北朝已渐趋普遍。到了唐代（618 — 907），交杌已成为常见家具。交杌由八根直材构成，两根横枨在上，用绳编成座面，两根下撑作足，中间两根相交相接以作支撑，交接处以铆钉贯穿作轴承，工匠或称之为"八根柱"。它可开可合，张开可作坐具，合起来又携带方便，故用途甚广。今天，我们还可以见到人们坐在交杌上，在树荫下纳凉或对弈。

此黄花梨交杌，典雅古朴。杌面正面横材沿边起线，在中间卷成如意纹，雕饰极其简约。足间踏床，以一厚木制成，底部雕成壶门状，不设小足；床身位置固定，不可掀动，尤见古意。交杌是出游常备之物，将踏床和坐具连在一起，不用分开携带，颇见便利。此外，凡是接合之处，这交杌均以铁叶包裹，轴钉穿铆的地方，则加上护眼线，整体结构更见牢固。

别例参考

王世襄编著《明式家具珍赏》（1985）录有一黄花梨交杌，形制相近。该交杌正面横材雕有卷草纹，两足之间同样设有踏床，只是踏床可以掀起，下面又有小足，做工稍有分别，见该书页70 – 71。田家青编著《清代家具（修订本）》（2012）也录有一黄花梨丝绒面大交杌。该交杌尺寸稍大，长66厘米，宽29厘米，高55厘米，它所有出头处，均以铁包套护头，而且所有铁活均以錾花镀金之铁饰件，见该书页76。其他黄花梨交杌藏品，可见台北历史博物馆编辑委员会编《风华再现：明清家具收藏展》（1999），页62。

参考图版

交杌　明弘治刊本《西厢记》插图

收藏小记

　　每次到博物馆，总爱花时间参观家具收藏。2012 年到法国巴黎卢浮宫，赫然发现远古埃及已有交杌，见基伦·杰弗里着《古代埃及家具》（Killen Geoffrey, *Ancient Egyptian Furniture*, 1980），页 40 — 43。究竟中国的交杌是从埃及传来或是殊途同归之作，还待考证。

交杌　法国巴黎卢浮宫埃及馆藏品

7

黄花梨松竹梅纹圆后背交椅

明末清初　16 世纪末至 18 世纪初

长 77 厘米、宽 55 厘米、高 97 厘米、座面高 51.5 厘米

交椅指带有靠背的交杌，由胡床演变而来，可分为圈背和直背两类。由于它可以前后折叠，形态轻巧，携带方便，故官宦出游，多备此物。

此交椅以黄花梨制作，圆形后背一顺而下，在扶手出头处回卷成圆钮形。椅圈三接，尤其难得。靠背板呈弧形，后腿转弯处，用角牙填塞支撑，扶手下装有空托角牙。

为了可以折叠，交椅不能像一般椅子般，在扶手下装鹅脖或联帮棍，所以此椅在扶手下装有金属支柱，与后腿上端的支撑构件连接，令结构更加坚固。座面横材正面带曲边，雕有螭纹。软屉以棉绳织成，穿入座面横材，再以竹条压紧。椅下踏床，位置固定，不可掀动，床上饰有金属方胜，床下有两小足，并设壸门牙条。

这张椅子靠背板做工精美别致，看似是攒边镶框，分为三段，其实是以一整块板雕作分段攒装之式样，别出心裁，叫人称赏。上段铲地凸线，浮雕卷草如意纹，手工精细。中段分别雕上松竹梅岁寒三友，又有大小两只喜鹊于梅枝上寻香顾盼，兼具坚贞不屈和喜上眉梢之意，刻工繁复细致。下段则雕卷草纹，透出云纹亮脚，雕工简洁圆熟。

别例参考

王世襄编著《明式家具珍赏》（1985）录有一黄花梨交椅，形制与此相仿，只是该椅的靠背板刻上云头如意纹，做工朴素简洁，见页 104。其他黄花梨交椅藏品可见朱家溍主编《明清家具（上）》（2002），页 28。

2007 年，在纽约苏富比的拍卖会上，有一拍品与此交椅外形完全一样，只是喜鹊所朝方向不同。该椅靠背板正中的喜鹊昂首向右，此椅的喜鹊则抬头左望，由此看来，两椅应为一对，见 Sotheby's, *Fine Chinese Ceramics and Works of Arts*（19 March 2007, New York），页 36 – 39, Lot 312。存世的另一对黄花梨交椅，见于吕章申主编《大美木艺——中国明清家具珍品》（2014），页 136–139。

参考图版

圆后背交椅　明成化刻本《仁宗认母记》插图

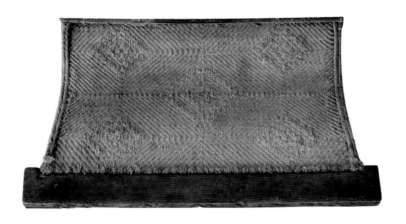

收藏小记

　　因折叠及经常被搬动的关系，存世交椅十分罕见，也是家具藏家渴望拥有的类型。正因为需求大，供应少，很多折叠椅是从旧家具改成。初见这交椅时，也有怀疑，但皮壳保存甚好，座面古朴，靠背板以一整块木做成，不似新制。及见纽约拍卖品，更无怀疑此椅是原来的。

8

黄花梨直后背交椅

明末清初　16世纪末至18世纪初

长62厘米、宽42厘米、高98厘米、座面高62厘米

直背交椅和圆背交椅构造基本相同，分别只是两者椅背一直一圆。这张交椅继承直背交椅的传统形制，但又加以转化，做成后弯式椅背，自出机杼，别为一格。

椅子前腿和后弯式椅背由一木连造，用料硕大，椅背和搭脑以挖烟袋榫接合，手工精细。椅盘横材质朴无饰。软屉以棉绳织成，穿入座面横材，又以竹条压紧。足间踏床位置固定，不可掀动。踏床床身素净，床下有两小足及壶门牙条。此椅靠背板呈"S"形，线条优美，上端开光，内刻一长者身穿朝服，伫立庭中，后有侍僮掌扇，前有小童以手指日的图案，寓意"指日高升"。由此看来，这张交椅应为官家之物。座面虽高，但有脚踏承托，可舒适安坐。

此交椅整体风格简练明快，形制工整又有变化，属难得之作。

别例参考

安思远编著《明代与清初中国硬木家具图录》（R. H. Ellsworth, *Chinese Furniture: Hardwood Examples of the Ming and Early Ching Dynasties*, 1997）记有一以红木和紫檀制作的直背交椅，外形颇为相近。该椅搭脑中间稍微凸起，椅背后弯。靠背板呈"S"形，以一木做成，上端刻有螭龙图案，见该书页138。田家青编著《清代家具（修订本）》（2012）录有一交椅，外形与此椅类近。该椅靠背板分为三段，上段镶透花牙子；中段嵌透雕绦环板；下段透雕亮脚，正面两腿之间安有踏床，见该书页91。

参考图版

直后背交椅　明万历刻本《还带记》插图

9

鸂鶒木圈椅

清初　17世纪中叶至18世纪初

长 54 厘米、宽 45 厘米、高 85 厘米、座面高 46 厘米

明代的椅子名目繁多，从形制上，大致可分为交杌、交椅、圈椅、官帽椅、玫瑰椅和灯挂椅。

圈椅因它的靠背如圈，所以得名。明代王圻、王思义《三才图会》（约刊于 1607）称之为"圆椅"。它的特点是圆形后背连着扶手由高向低顺势而下，人们坐在椅上，不仅肘部得到承托，腋下一段臂膀也得到支撑，感觉舒适。

此鸂鶒木圈椅扶手不出头，形制古朴，小巧别致，在圈椅中较为罕见。它的前腿与鹅脖紧接，以一木造成；圈背连着扶手顺势而下，然后直接与鹅脖相连，这样编排令椅背与前腿的线条一气连贯，顺滑流畅。椅圈三接，抹头设联帮棍，后腿和椅背立柱均由一木连造。靠背板呈弧形，以独板制成，纹理优美。座面席面藤屉。椅盘下，四面设直身券口牙子，不带束腰，牙子有典型苏工碗口线脚。脚枨编排不采步步高方式，而是用前后脚枨低、两侧脚枨高的赶脚枨结构。前后脚枨下装有牙条，结构更见稳固。

在明式家具中，圈椅最能展示家具设计对比呼应之特色。它的圆形椅背和座盘以下的方形设计，一圆一方，令整体线条灵活多变，又与传统"天圆地方"的观念暗合，可见古代家具工匠的缜密心思。

别例参考

扶手不出头的圈椅颇为罕见，此椅曾见于 1997 年 9 月纽约佳士得拍卖会，参见 Christie's, *The Mr. and Mrs. Robert P. Piccus Collection of Fine Classical Chinese Furniture*（New York, 1997），页 106－107, Lot 49。王世襄、柯惕思合编《中国古典家具博物馆藏精品》（Wang Shixiang and Curtis Evarts, *Masterpieces from the Museum of Classical Chinese Furniture*, 1995）载有一黄花梨圈椅，形制相近。该椅高 52.7 厘米、宽 41 厘米、高 90.5 厘米，扶手不出头，座面为席面藤屉。靠背板分为三段，上段透雕鱼门洞；中段开光，嵌镶圆形云石；下段装壶门亮脚，见该书页 62－63；亦见刊于王世襄编著、袁荃猷绘图《明式家具萃珍》（2005），页 70－73。

参考图版

圈椅　明崇祯刊本《忠义水浒传》插图

10

黄花梨卷草纹圈椅一对

明末清初　16世纪末至18世纪初

长59厘米、宽45厘米、高100厘米、座面高52.5厘米

　　此对圈椅以黄花梨制作，带出头扶手，形制和前面的鸂鶒木圈椅大体相同。圆形后背连着扶手一势而下，在扶手末端卷成鳝头状，线条顺滑流畅。椅圈五接，抹头设联帮棍，扶手装角牙，椅背立柱和后腿、鹅脖与前腿均以一木连造，结构牢固。弧形靠背板连同旁边的雕花牙子均由独板做成。靠背板上端开光，铲地凸线，浮雕如意卷草纹，刻工圆熟细致。座面为席面穿藤屉，座盘下设壶门券口牙子，正面牙条雕有卷草纹。脚枨采步步高形式，寓意步步高升，除后脚枨外，三面脚枨下均设牙条。

　　成对的黄花梨圈椅，能够完整保存下来，已属难得，靠背板为一料所制，更见可贵；而且靠背板材质细腻，纹理匀称又富于变化，尽展黄花梨木材质之美，令这对圈椅成为少有的精品。

别例参考

台北历史博物馆编辑委员会编《风华再现：明清家具收藏展》（1999）录有两对黄花梨圈椅，形制与此对类近，见页91。文化部恭王府管理中心编《恭王府明清家具集萃》（2008）也载有外形相近的黄花梨圈椅一对，见页34-35。

参考图版

圈椅成对　明万历刊本《题红记》插图

10 — 黄花梨卷草纹圈椅一对

11

黄花梨四出头官帽椅

明末　16世纪末至17世纪中叶

长59厘米、宽47厘米、高117厘米、座面高48厘米

官帽椅指高靠背扶手椅，因外形像古代官吏所戴的帽子而得名。在形制上，它可分为四出头官帽椅和南官帽椅两大类。四出头官帽椅搭脑和扶手两端皆出头，南官帽椅搭脑和扶手则做成圆角，两端均不出头。

此椅为四出头官帽椅，用材硕大，外形高壮，气势恢弘。搭脑中间凸起，两侧上翘，出头处浑圆壮硕，犹如官帽两侧的展翅。靠背板以独板做成，微向后弯，呈"S"形，板身素净，纹理错落有致。扶手与鹅脖均为弯材，相交处安有角牙。这官帽椅的特色在于不带联帮棍，鹅脖稍后于前腿，这个做法既简约，又令椅子线条多变，展现工匠的细密心思。座面为席面穿藤屉，边抹不带修饰，座面下四边设直身刀板牙条，脚枨编排不采步步高方式，而是用前后脚枨低、两侧脚枨高的赶脚枨工艺。前脚枨下安牙条，令整体结构更加坚固。

这张椅子整体风格简洁朴实，古意盎然，虽不见雕饰，却以材质做工取胜，由此观之，它应为明代器物。人们端坐椅上，腰身挺直，双手左右平放，两腿微微分开，自然予人沉实稳健、严肃静穆之感。

别例参考

这样古朴壮硕的四出头官帽椅存世甚少，安思远、霍华德·A.林克合编《夏威夷珍藏中国硬木家具》（R. H. Ellsworth and Howard A. Link, *Chinese Hardwood Furniture in Haiwaiian Collections*, 1982）录有一张四出头官帽椅，形制与此椅大体一致。它的搭脑平直，出头处浑圆，不向上翘。鹅脖同样稍后于前腿，亦为赶脚枨结构，见该书页42。此外，安思远编著《明代与清初中国硬木家具图录》（R. H. Ellsworth, *Chinese Furniture: Hardwood Examples of the Ming and Early Ching Dynasties*, 1997）也有形制相近的例子，见该书页108-111。

参考图版

四出头官帽椅　明万历刊本《梦境记》插图

收藏小记

　　明式家具合美观与实用于一身。那"S"形靠背为坐骨神经病患者提供一个优良坐具。

12

黄花梨四出头官帽椅一对

明末清初　16世纪末至18世纪初

长58厘米、宽44厘米、高120厘米、座面高52厘米

此对官帽椅靠背高耸挺秀，带"S"形联帮棍，形制和前面一张稍有不同，风格清轻柔和，也与之迥然有别。此椅搭脑中间凸起，两侧微微上翘，出头平直。两块靠背板均为独板，微向后弯，呈"S"形，板身素净，纹理华美，是由一料所制。扶手与鹅脖均用弯材，相交处安有角牙，结构牢固。座面为席面穿藤屉，冰盘沿。座面下四边设垂肚牙条，脚枨采步步高方式。除后脚枨外，三面脚枨下均设牙条。

古人制器每每自出机杼，不拘一格，这双椅子靠背挺秀，各个构件弯度大，前腿与鹅脖、椅背立柱和后腿也由一木连造，一双靠背板更是以一料开成，用材不少，却展现柔和清丽之趣，由此观之，它们或出自江苏工匠之手。

这两张坐椅形制工整，用料讲究，线条婉柔匀称，加上一对成双，保存完好，弥足珍贵。

别例参考

台北历史博物馆编辑委员会编《风华再现：明清家具收藏展》（1999）录有一对黄花梨四出头官帽椅，形制相近。它们座面下同设壶门牙条，脚枨编排也采用步步高式，见该书页82。此外，南希·伯利纳编著《背倚华屏：16与17世纪中国家具》（Nancy Berliner, *Beyond the Screen: Chinese Furniture of the 16th and 17th Centuries*, 1996）录有一四出头官帽椅，做工类近，也可参考，见该书页104–105。

参考图版

四出头官帽椅　明天启刊本《古今小说》插图

13

黄花梨八角形构件四出头官帽椅

明末清初 16 世纪末至 18 世纪初

长 54 厘米、宽 42.5 厘米、高 101 厘米、座面高 44 厘米

明式家具装饰主要见于面和线。面的设计大致分为平面、盖面（即混面和凸面）和洼面。此官帽椅做工别出心裁，自成一格。椅背立柱、扶手、鹅脖、罗锅枨、矮老、腿足和脚枨均削成八角形，手工精巧细致，十分罕见。此椅形制小巧，靠背高约一米，较之前的官帽椅矮。搭脑后弯，呈弧形，出头平直而不上翘。靠背板以独板制成，微向后弯，呈"S"形，板身素净，纹理优美。鹅脖与前腿用直材，椅背立柱微弯，与后腿以一木连造，扶手和联帮棍则用弯材，令椅子线条富于变化。座面为席面穿藤屉。座面下正中设两矮老，连接罗锅枨，其他三面则装直身刀板牙条。脚枨编排采步步高方式，除后枨外，三面脚枨下均安牙条，整体构造更见牢固。

这张椅子古雅别致，看似质朴无华，事实上，它选材讲究，手工繁复细腻，处处展现风华，是四出头官帽椅难得之作。

官帽椅多用方材或圆材，多边形构件的非常罕见，这张椅子全椅采用八角形构件，为目前仅见例子。

别例参考

1997 年，纽约佳士得拍卖会上也有一张八角形构件的四出头官帽椅，只是做工不同。该椅的罗锅枨及前后腿均呈八角形，但鹅脖、椅背立柱及搭脑却为圆材，见 Christie's, *The Mr. and Mrs. Robert P. Piccus Collection of Fine Classical Chinese Furniture* (18 Sept 1997, New York)，页 142 – 143, Lot 77。

此外，《科隆东亚艺术博物馆藏中国古典家具》(*Museum für Ostasiatische Kunst Köln: Classical Chinese Furniture*) 录有一张腿足呈六角形的条桌，也可参考尼古拉斯·格林德利、弗洛里安·胡夫纳格尔编著《简洁之形：中国古典家具——沃克藏品》(Nicholas Grindley and Florian Hufnagel, *Pure Form: Ignazio Vok Collection of Classical Chinese Furniture*, 2004)，页 28。

参考图版

四出头官帽椅 明崇祯刻本《金瓶梅》插图

14

黄花梨双螭纹南官帽椅

明末　16 世纪末至 17 世纪中叶

长 58 厘米、宽 45 厘米、高 115.5 厘米、座面高 53.5 厘米

南官帽椅结构上和四出头官帽椅大致相同。搭脑由于没有出头，所以多采用挖烟袋榫，与后柱相连。与四出头官帽椅相比，南官帽椅少了一分霸气，却多了一分文气，为文人坐具，故亦称文椅。

此椅的搭脑中间凸起，微向后弯，形成舒适靠枕，两侧微向上翘，与椅背立柱以圆角相交。靠背板由独板做成，稍向后弯，呈"S"形，纹理匀称有致。板身上端开光，铲地浮雕卷草双螭纹，刀工精巧圆熟。扶手与鹅脖均为弯材，以挖烟袋榫接合，线条圆转流畅。鹅脖与前腿、椅背立柱和后腿均以一木连造。座面为席面穿藤屉，抹头装有"S"形联帮棍。座面下正面装如意纹壶门牙条，其他三面则安直身牙条。脚枨编排用步步高方式。除后脚枨外，三面脚枨下均加设牙条，予人牢固之感。这张椅子的特色在于座面以上皆用圆材，座面以下则全采方材，暗含"天圆地方"之意。

这张椅子线条顺滑流转，形态婉丽优美，处处展现动人韵致，为南官帽椅之精品。

别例参考

王世襄编著《明式家具珍赏》(1985) 录有一高靠背南官帽椅，形制与此类近。它的靠背板上端开光，浮雕双螭纹，两螭一大一小，形态生动。除后背外，三面均装壶门牙子。正面牙条雕有卷草纹，见该书页 90。

参考图版

南官帽椅　明万历刊本《忠义水浒传》插图

14
——
黄花梨双螭纹南官帽椅

15

黄花梨百宝嵌南官帽椅

明末清初　16 世纪末至 18 世纪初

长 59.5 厘米、宽 44 厘米、高 117 厘米、座面高 52.5 厘米

　　形制上，南官帽椅指搭脑和扶手皆不出头的高靠背扶手椅。此椅的搭脑中间凸起，略向后弯，做成舒适靠枕，两侧稍向上翘，与椅背立柱以圆角相交。扶手与鹅脖皆用弯材，以挖烟袋榫接合，线条圆滑流畅。鹅脖与前腿、椅背立柱和后腿均以一木连造。座面为席面穿藤屉，冰盘沿，抹头装有上幼下粗的"S"形联帮棍。座面下装直身券口牙子。脚枨编排采步步高方式。前面及侧面脚枨下加牙条，结构更加坚固。

　　百宝嵌，即以文木、玉石、珍珠、象牙、犀角、玳瑁、瓷片等珍贵材料嵌成图案，明嘉靖（1522－1567）年间，周翥善于在硬木及漆器上施以这种技艺，故此法又称周制。此椅靠背板即以周制手法，用木及玉石嵌成杏林春燕图，做工精巧。当中的杏花疏密有致，春燕情态生动，整体构图犹如一幅优美的写意花鸟画，叫人赞叹。古时殿试每于二月举行，正杏花开放，故杏花又有"及第花"之称，而"燕"又与"宴"同音，杏林春燕寄有殿试中选天子赐宴之意，由是观之，这张南官帽椅应为文士之物。

别例参考

台北历史博物馆编辑委员会编《风华再现：明清家具收藏展》（1996）录有一张镶螺钿南官帽椅，形制与此椅相同。它的靠背板也以周制做法嵌上花鸟纹饰，工艺细致动人，见该书页 86。此外，南希·伯利纳编著《背倚华屏：16 与 17 世纪中国家具》（Nancy Berliner, *Beyond the Screen: Chinese Furniture of the 16th and 17th Centuries*, 1996）也录有一堂四张南官帽椅，做工类近，见该书页 110–111。

参考图版

南官帽椅　清·陈枚《月漫清游图册》

收藏小记

　　据说：杏林之成，出于三国孙吴的董奉，每为人治病，不取钱物，重病愈者，请植杏五株，轻者一株，日久成林，因有"杏林春满"对名医的称誉。这椅子的另一个故事又和医生有关，亦巧缘也。

16

黄花梨南官帽椅一对

明末清初　16世纪末至18世纪初

长59.5厘米、宽44厘米、高120厘米、座面高52厘米

此对南官帽椅用材讲究，以黄花梨制作。搭脑壮硕，微向后弯，构成靠枕，两侧微向上翘，与椅背立柱用圆角交接。靠背板均为独板，稍向后弯，呈"S"形，为一料所制。扶手与鹅脖均为弯材，以挖烟袋榫相接，线条圆转流畅。椅背立柱弧度大，鹅脖与前腿、椅背立柱和后腿又以一木连造，可见此对椅子用材不少。座面为席面穿藤屉、冰盘沿、抹头装有"S"形联帮棍。座面下安直身券口牙子。四腿有明显侧脚收分，脚枨编排采步步高方式。除后脚枨外，三面脚枨下均加设罗锅枨牙条，予人安稳之感。

这双椅子不带雕饰，纯以做工和材质取胜，靠背板更是精挑细选，色泽温润匀称，纹理错落有致，尽显黄花梨木本身肌理特色。此对南官帽椅形制工整，端庄秀雅，具浓厚明式家具风格，加上一对成双，保存完好，弥足珍视。

别例参考

文化部恭王府管理中心编《恭王府明清家具集萃》(2008)录有一对黄花梨南官帽椅，形制与此对椅子十分接近。该双椅子靠背板素净，展现黄花梨之华美纹理。座面下装壶门牙子，脚枨同采步步高式，除后脚枨外，三面脚枨也设罗锅枨牙条，见该书页30-31。台北历史博物馆编辑委员会编《风华再现：明清家具收藏展》(1999)亦收有一对黄花梨南官帽椅，外形较这双椅子矮，见该书页85。

参考图版

南官帽椅一对　明万历刊本《还带记》插图

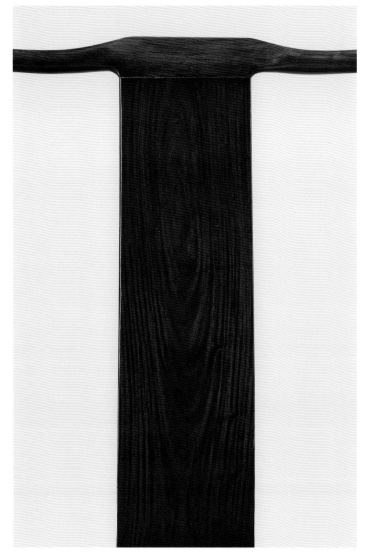
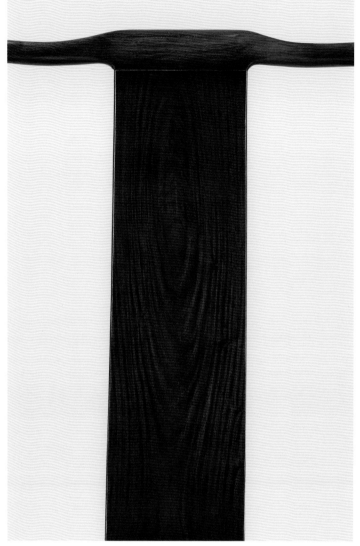

16 ── 黄花梨南官帽椅一对

17

黄花梨扇形南官帽椅四张成堂

清初　17世纪中叶至18世纪初

长62厘米、宽48厘米、高115厘米、座面高50厘米

此四张南官帽椅造型别具一格，意趣清新。搭脑平直，与椅背立柱以圆角相接。扶手和鹅脖均用弯材，抹头不设联帮棍。鹅脖和前腿、椅背立柱和后腿皆由一木连造。椅盘呈扇形，形态别致。座面为席面藤屉。座面下牙子用横材和竖材攒接而成，牙头为直立长形框子，牙条则用直枨，中间以矮老与座面相接。这个设计实际是从罗锅枨加矮老演变而来，不落窠臼，自为一类。脚枨采步步高式，脚枨下装罗锅状牙条，整体结构更加牢固。

靠背板做工尤其精细。它以攒框镶板方式，分为三段。上段铲地凸线，浮雕卷草纹，刀工圆熟精到；中段镶上斗柏楠瘿木面板，板身素净，螺旋纹理细腻动人，有"满面葡萄"之美。下段则雕云纹亮脚，做成穿透效果。这四张椅子各部分比例均匀，椅背、靠背板、扶手曲线优美；方框牙条和不带联帮棍设计，更予人疏朗剔透之感。

四张成堂的椅子应是置于厅堂之上，用以待客。古人主客相会，主人朝北而坐，客人向南而坐已为惯例，但明末则有所谓"苏坐"。"苏坐"是指主客东西相向而坐。明末文人周文炜（1588 — 1643）曾说这种坐法"三十年前无是也"，完全是明末苏州人标新立异的行为，在当时"无事不苏"的情况下，渐成时尚。

扇形黄花梨南官帽十分少见，此组藏品四张成堂，更为难得。

别例参考

"科隆东亚艺术博物馆藏中国古典家具"（Museum für Ostasiatische Kunst Köln: Classical Chinese Furniture）藏有扇形黄花梨南官帽椅，见尼古拉斯·格林德利、弗洛里安·胡夫纳格尔编著《简洁之形：中国古典家具——沃克藏品》（Nicholas Grindley and Florian Hufnagel, *Pure Form: Ignazio Vok Collection of Classical Chinese Furniture*, 2004），页20 - 21。安思远编著《洪氏所藏木器百图》卷二（Robert H. Ellsworth, *Chinese Furniture: One Hundred Examples from Mimi and Raymond Hung Collection*, Vol. II, 1996）也录有一对扇面形南官帽椅，靠背板上端同样饰有卷草纹，见该书页32-33。

参考图版

攒靠背南官帽椅　明万历刊本《西游记》插图

17 — 黄花梨扇形南官帽椅四张成堂

17

18

黄花梨大灯挂椅一对

明末清初　16世纪末至18世纪初

长58厘米、宽43.5厘米、高117.5厘米、座面高53厘米

　　灯挂椅因外形像挂油灯灯盏的竹制托座，由是得名。形制上，它是指搭脑出头、安有靠背、没有扶手的椅子。搭脑不出头的则称为"一统碑"椅。

　　此对椅子靠背高耸，外形壮硕，以黄花梨制作。搭脑中间凸起，微向后弯，做出靠枕，出头处稍向上翘。椅背立柱后弯，弧线优美。靠背板均为独板，呈"S"形，板身素净，纹理错落有致。座面为席面穿藤屉，冰盘沿。座面下设垂肚券口牙子，为椅子线条增添变化。腿足圆直，稍带侧角收分，脚枨编排采步步高方式，前脚枨下装有牙条，结构稳固。人端坐其上，腰背得到承托，左右两旁又无障碍，感觉舒服自在。

　　这对灯挂椅轮廓优美，简练朴素，予人卓立挺拔之感，是明式家具典范之作，而且用材讲究，一对成双，更为难得。

别例参考

王世襄编著《明式家具珍赏》（1985）录有一对大灯挂椅，外形极为接近。该对椅子靠背挺立，靠背板呈弓形，板身纹理华美，座面为席面藤屉，冰盘沿。座面下三面设垂肚牙子，手法简洁。脚枨采步步高方式，见该书页76-77。

参考图版

灯挂椅成对　明万历刊本《西厢记》插图

收藏小记

　　当时有另外一对灯挂椅给我选择。那对外形稍大，座面较宽，但这对皮壳比较显眼。在使用较多的地方，如座面前方、脚踏表面，年月痕迹十分明显。这些却不见于另外一对。此外，这对椅子不同平面上的底灰已经裂开，不会是新加上的。细心观看后背板，这对和王世襄先生《明式家具珍赏》载录的一对，尺寸、木纹甚为接近，可能是同一组的灯挂椅。

19

黄花梨带铜饰灯挂椅四张一堂

明末　16世纪末至17世纪中叶

长52厘米、宽44厘米、高96厘米、座高46厘米

此四张椅子以黄花梨制作，靠背挺秀，别具韵致。搭脑平直，两端出头，椅背立柱稍向后弯，线条婉丽。靠背板呈弓形，板身素净，纹理优美，均为一料所制。座面为席面藤屉，压边竹条裹以幼藤，做工古朴。边抹为素混面，椅盘下四面皆设直身刀板牙子。腿足圆直，后腿尚留披麻上漆之迹。四根脚枨正面的最低，后面一根次之，两侧的最高，是脚枨编排之常见形式。为了令脚枨更为耐用，工匠常于正面脚枨加上竹条和木条，但这四张椅子却镶上铜条，铜条的铆钉更饰有芙蓉花纹，做工精巧细致，透出华丽之感。

灯挂椅为古人常用坐具，四张成堂完整保存下来，却十分少有。此一组椅子脚枨带铜条，构造别为一格，更叫人印象难忘。

别例参考

这组藏品曾见于柯惕思著《中国古典家具与生活环境》（Curtis Evarts, *Classical and Vernacular Chinese Furniture in the Living Environment*, 1998）一书，见页112–113，当时已稍有磨损，现以铜脚保护。台北历史博物馆编辑委员会编《风华再现：明清家具收藏展》（1999）另录有四张灯挂椅，它们较这四张椅子高，脚枨不带铜条，见该书页80–81。

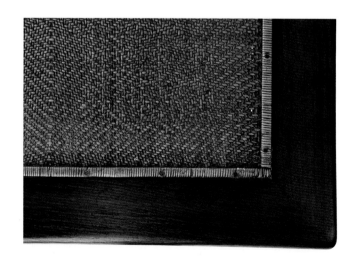

参考图版

灯挂椅四张一堂　明崇祯刊本《喜逢春》插图

20

黄花梨六角形扶手椅一对

清初　17世纪中叶至18世纪初

长63.5厘米、宽42.5厘米、高84.5厘米、座面高52厘米

　　此对六角形扶手椅，带六足，靠背和扶手均装直棖，形制上可称为梳背扶手椅。由于椅子的搭脑和扶手皆不出头，故这双椅子也可看作是南官帽椅之变体；此外，它的靠背方直低矮，扶手直立，除了座盘呈六角形外，做工又颇类似玫瑰椅。椅子靠背立柱和后腿、扶手和中间两腿均以一木连做，结构坚固。座盘边抹采双素混面压边线做法，与脚棖的裹腿外形互相呼应。座面为席面藤屉。椅盘下的券口，以三根直柱紧贴腿足做成，上方左右两端带委角，令椅子线条多变。六根脚棖均处于相同高度，座面下的空间也因此变得清空疏旷。脚棖外形独特，以劈料做成，又模仿裹腿方式与腿足接合。此双椅子的特点在于扶手外撇，座面空间宽敞，不管是端坐或侧身而坐，感觉都舒适自在。清代《雍亲王题书堂深居图屏·博古幽思》绘有一宫装仕女，手持绣帕，于六角形玫瑰椅上侧身而坐，姿态闲静优雅。此宫廷画或于雍正年间（1723 — 1735）创作。

　　将硬木雕成树根、竹或藤的形态是明式家具独特的装饰手法。这对椅子以黄花梨制作，外形却如竹制家具，手工精巧，展现清新疏朗之趣，加上一对成双，更为难得。

别例参考

安思远编著《洪氏所藏木器百图》卷一（Robert H. Ellsworth, *Chinese Furniture: One Hundred Examples from Mimi and Raymond Hung Collection*, Vol. I, 1996）录有一对黄花梨仿竹六角扶手椅，形制尺寸相同，与此对椅子疑为四件成堂器物，见页88 – 89。朱家溍主编《明清家具（上）》（2002）另载有四张黄花梨六角扶手椅，外形类近。该组扶手椅的靠背板攒框镶板，分为三段，上段透雕如意云纹；中段为素身面板；下段则做成云纹亮脚，见该书页39；又见王世襄编著《明式家具珍赏》（1985），页97。

古画参考

六角形扶手椅　清雍正年间《雍亲王题书堂深居图屏·博古幽思》

21

黄花梨禅椅

明末　16世纪末至17世纪中叶

长74厘米、宽56厘米、高93厘米、座面高48厘米

禅椅本指僧侣坐椅，既是坐具，又可用来打坐参禅。禅椅的形象可见于唐代阎立本（601—673）《萧翼赚兰亭图》。该画描绘御史萧翼（约活跃于630）奉唐太宗（598—649）之命，拜访辩才和尚，用哄骗手法取得王羲之（321—379）《兰亭序》真迹。画中辩才和尚在禅椅上盘腿而坐，一脸怅惘。该椅带出头扶手，腿足以树根制成，靠背呈圆形，由茅草编制，整体风格拙朴简约，表现佛家澹泊之意。（见台北故宫博物院编《故宫书画菁华特辑》〔1996〕，页44—45。）

禅椅用途很广，不但可用来静坐，也可用作装饰摆设，点缀家居。明代高濂（1573—1620）《遵生八笺》便记书斋中应摆放"吴兴竹凳"和"禅椅"。文震亨（1585—1645）《长物志》则称禅椅应以天台藤或如虬龙诘曲的古树根制造，然后挂上瓢、笠、数珠、钵等僧侣之物，以营造萧疏雅洁的空间。

这张禅椅外形硕大，通体皆用直材，形制类近玫瑰椅。搭脑不出头，与椅背以挖烟袋榫相接。椅的靠背和扶手均装直棖，呈现疏旷之感。扶手和前腿亦以挖烟袋榫接合，并以一木连造。座面为板心，冰盘沿。座面下券口，以三根直柱紧贴腿足做成，此做法令座面下空间更显广阔，表露空灵之意。脚枨采步步高式。此椅唯一装饰是脚枨下设壶门牙条，既令椅子线条稍具变化，不致单一呆板，又令结构牢固坚稳。

此椅原为叶承耀医生所有，于2011年香港苏富比拍卖会上拍卖，款项捐助牛津大学中国中心，参见 Sotheby's Catalogue（4 October 2011），页56—57，Lot 2421。

别例参考

美国加州中国古典家具博物馆曾藏有一黄花梨禅椅，形制与此椅不同。该椅做工简约，不设靠背板和联帮棍，予人空灵之感，见王世襄、柯惕思合编《中国古典家具博物馆藏精品》（Wang Shixiang and Curtis Evarts, *Masterpieces from the Museum of Classical Chinese Furniture*, 1995），页72-73。

参考图版

禅椅　明万历刊本《南柯梦》插图

22

黄花梨玫瑰椅一对

明末清初　16世纪末至18世纪初

长44厘米、宽66厘米、高78厘米、座面高50.5厘米

　　玫瑰椅是靠背椅一种，搭脑和扶手也不出头，做工与南官帽椅接近。不过，玫瑰椅的靠背和扶手，与座面垂直，后柱与扶手同样以九十度角接合，设计明显不同。此外，玫瑰椅较其他椅子矮，靠背和扶手高度相差不大，外形小巧别致，也是它另一个特点。在古籍图版中，它常为文人和仕女的坐具，故又称为文椅和玫瑰椅。在家居中，玫瑰椅可以放于窗前，由于靠背低矮，既不妨碍视线，又不影响采光，只是它的靠背笔直，坐在上面，必须挺直腰身，叫人稍感不适。

　　玫瑰椅线条硬直，看起来稍为呆板。要改变这个感觉，工匠一般在靠背、扶手及椅腿多花工夫。这对玫瑰椅用精美黄花梨制造，靠背及扶手横直交接处皆镶以黄铜，这不但增强结构，也具装饰效果。靠背和扶手也安上壶门牙条，设计轻巧，牙条沿边起线，刀工有力利落。椅面上装直枨加矮老，与座面下的罗锅枨和矮老，互相呼应。腿踏表面有明显镶嵌铜片的痕迹。整个设计改变了椅子呆板的外形，也使布局显得疏朗有致。

别例参考

黄花梨玫瑰椅例子较多，王世襄编著《明式家具珍赏》（1985）有一例，椅面上同样以横枨和矮老作装饰，与本例接近，见页80。美国明尼阿波利斯艺术学院（Minneapolis Institute of Arts）也收藏了一对仿竹玫瑰椅，椅面下也采用直枨加短老。见罗伯特·雅各布森、尼古拉斯·格林德利编著《明尼阿波利斯艺术学院藏中国古典家具》（Robert D. Jacobsen and Nicholas Grindley, *Classical Chinese Furniture in the Minneapolis Institute of Arts*, 1999）页66–67。

参考图版

玫瑰椅 《李笠翁批阅三国志》插图。首都图书馆编辑：《古本小说四大名著版画全编·三国演义卷》（线装书局，1996）

23

黄花梨四面平方形禅凳一对

明末清初 16世纪末至18世纪初

长62厘米、宽62厘米、高48厘米

凳为古人日常坐具，选材或用软木，或用硬木，座面或为软屉，或是板材。此对方凳，座面宽大，属禅椅形制，故称"四面平方形禅凳"。它全用方材，风格简练，与后面的三弯腿方凳迥然有别。做工上，采四面平手法，四腿和牙条以格角相交，先做成一个架子，然后在中间加裁榫，与座面结合。这样设计，腿足和边抹不用以棕角榫相交，构造更为牢固，而且边抹和牙条两道横材合在一起，予人结构坚实之感。座面为席面穿藤屉，座盘下装直身牙条，不带束腰，直腿内翻马蹄足，腿间无脚枨。牙条和脚足，边缘又带粗身线脚，手工繁复细致。

方形家具，线条平直，拼在一起，用途灵活多变。宋代黄长睿（1079—1118）《燕几图》便以正方形为组合概念，设计出大、中、小三种可以结合的桌子。他的构思是以一尺七寸五分之正方形为基本，做成三种长方形桌子。大者长七尺，可坐四人，共有两张；中者长五尺二寸五分，可坐三人，共有两张；小者长三尺五寸，可坐两人，共有三张。三种桌子同高二尺八寸，互相配搭，共有七十六种布局，配合不同场合需要。同样，这两张四面平禅凳也可以合并起来，组成一张长凳或一张小榻，供坐息或小睡之用。

别例参考

硬木所制的四面平方凳或禅椅存世甚少，这或是它们不设脚枨，又时常搬动，容易损毁之故。朱家溍主编《明清家具（上）》（2002）录有一紫檀漆心四面平大方凳，尺寸类近，做工稍有不同。该方凳黑漆板面，边抹与四足以棕角榫连接，直腿内马蹄足，腿间设罗锅枨，见该书页58。

参考图版

四面平方凳 明万历刊本《红拂记》插图

收藏小记

　　明代刊本的木刻版画，四面平家具十分常见，但存世的明式家具中，情况却不如此。这或是由于没有横枨的四面平家具，榫卯容易松脱，难以经历年月洗礼；也可能因为带束腰家具渐成时尚，四面平家具制作日少，流传下来的也就不多；当然，最简单的理由是，四面平家具线条平直，木刻工序较带束腰家具简单快捷，故此在木刻版画中较常见到。

24

黄花梨三弯腿方凳一对

明末　16世纪末至17世纪初

长52厘米、宽52厘米、高54厘米

此对方凳用材讲究，以黄花梨制作。座面为席面穿藤屉，冰盘沿。凳盘下带束腰，牙条与束腰以一木连造。腿为三弯腿，线条优美，外翻卷足饰有云纹。腿间设罗锅枨，构造更见稳固。壶门状牙条中间刻上卷草纹，左右各浮雕一卷草龙，龙首相望。腿肩和脚枨两端饰有兽面纹，兽面形状与青铜器的饕餮纹类近。由于兽面均刻成张口状，腿足和脚枨彷佛给吞进兽口，构思新颖别致。

雕刻是家具常用的装饰手法，可分为阴刻、浮雕、圆雕和透雕四类，这双方凳的雕饰精细绵密，全用浮雕做工，刀法圆熟利落，处处展现古代工匠的超卓工艺。这对华美瑰丽的凳子，王世襄先生断为明代器物。

别例参考

王世襄编著《明式家具珍赏》（1985）录有一张三弯腿方凳，形制与此相同。该对方凳曾遭改动，腿足下端被截短，再装上托泥，见该书页67。王世襄、柯惕思合编《中国古典家具博物馆藏精品》（Wang Shixiang and Curtis Evarts, *Masterpieces from the Museum of Classical Chinese Furniture*, 1995）载有一对黄花梨三弯腿方凳，形制完全一样。该书又记，九张形制相同的方凳，曾经作者过眼，其中四张因腿足下端损坏，已遭改短，并换上托泥，见该书页36-37；亦可参见王世襄编著、袁荃猷绘图《明式家具萃珍》（2005），页26-29。

参考图版

方凳　明万历刊本《鲁班经匠家镜》插图

25

黄花梨五足圆凳

明末清初　16世纪末至18世纪初

直径50厘米、高49厘米

别例参考

朱家溍主编《明清家具（上）》（2002）录有两张圆凳，形制与此凳不同。该对凳子座面为掐丝珐琅，带五根腿足，设抱肩式壶门牙条，腿足安托泥，以代替脚枨，见该书页64-65。叶承耀编著《楮檀室梦旅：攻玉山房藏明式黄花梨家具》（1991）录有三弯腿式梅花凳，脚枨同样组成五角图案，可资参考，见页50-51。

圆凳轻巧方便，用途广泛，是古代常见坐具。有人认为圆凳是由佛座发展而来。佛座为菩萨的坐墩，造型千姿百态，龙门石窟浮雕中的圆形和腰鼓形佛墩，外形便和圆凳颇为相像，或是此说之依据。

此圆凳鼓腿彭牙，以黄花梨制作。座面为席面藤屉，下设小束腰。腿足以插肩榫与牙条相连。牙条呈壶门状，边缘饰有阳线，做工细致。五腿为内翻马蹄足，脚枨相交，组成五角图案，这样编排既令结构坚固，又展现中国人对"五"字喜爱。"五"字在中国常用来表示全部、所有的意思，如"五谷"本指稻、黍、稷、麦、豆，在日常生活中却多用来概括全部庄稼；"五音"本指宫、商、角、徵、羽，又可以之表示所有音阶。我们常说"五福临门"，"五福"指的本是长寿、富贵、康宁、好德和善终，但这句话实际上是祝愿所有福都降临。

存世的圆凳甚少，这或是因为它常常搬动，容易损毁，此对圆凳由于安有脚枨，结构较为坚实，方可留存至今。

参考图版

圆凳　明万历刊本《还魂记》插图

26

黄花梨夹头榫春凳

明末清初　16 世纪末至 18 世纪初
长 157.5 厘米、宽 38 厘米、高 52 厘米

　　长凳是狭长又不带靠背的坐具，可简分为三类：条凳、二人凳和春凳。三者中，春凳最长，可坐三至五人，也可用作卧具，或在上面陈设器物。宋代张择端（1085 — 1145）《清明上河图》中已绘有春凳。时至今天，我们在乡郊宴席上，仍常见到人们坐在春凳上举杯畅饮。

　　此黄花梨春凳，用材讲究，比例均匀，线条优美，外形犹如一张形制工整之画案，虽为日常器物，却做工精细，叫人称赏。座面为席面藤屉。边抹采素混面。牙条和牙头以一木连造。牙条沿边起阳线，手工一丝不苟，牙头锼挖成卷云状，造型典雅别致。腿足圆直，侧脚收分，两侧腿间各装两根横枨，结构牢固。

别例参考

台北历史博物馆编辑委员会编《风华再现：明清家具收藏展》（1999）录有一黄花梨夹头榫春凳，形制与此凳相仿。该凳席面藤屉，边抹做为冰盘沿。牙条与牙头以一木连造，牙头锼成卷云纹。腿足以插肩榫与座面相接。两侧腿间装有双横枨，见该书页 63。

这张凳子曾载录于纽约苏富比拍卖会目录，见 Sotheby's Catalogue, 19 March 2007, New York，页 49, Lot 316（Item 316）。

参考图版

春凳　明万历刊本《红梨花记》插图

27

黄花梨滚筒脚踏

明末清初　16 世纪末至 18 世纪初

长 75 厘米、宽 31 厘米、高 19 厘米

　　脚踏指用以搁脚的小几，多配合床榻和椅子使用，在古代称为榻登，汉代刘熙（约生于 160 前后）《释名》记"榻登施大床之前，小榻之上，所以登床也"，可为佐证。宋明两代，脚踏仍叫作"蹋床"或"脚凳"。由于脚踏原是床的附件，所以形制多与床身类近，它一般呈长形，踏面平直，有束腰，内翻马蹄足，也有采用鼓腿彭牙的做法。这个脚踏，踏面装有由圆木做成的滚筒，以刺激脚底涌泉穴，可算是足底按摩器先驱。

　　明人高濂《遵生八笺·起居安乐笺·下卷》（1591）记："滚凳　涌泉二穴，人之精气所生之地，养生家时常欲令人摩擦。今置木椅，长二尺，阔六寸（约 62 × 19 厘米），高如常，四桯镶成。中分一档，内二空，中车圆木二根，两头留轴转动。凳中凿窍活装，以脚端轴滚动，往来脚底，令涌泉穴受擦，无烦童子。终日为之，便甚。"

　　此脚踏和高濂所述的设计基本相同。它呈长方形，以黄花梨制作，带小束腰，内翻马蹄足，外形类近矮小的炕桌。踏面以中枨分开，左右各装上中间粗两端细的滚筒一个。人们坐在椅上或床上，腿足可在滚筒上来回踹动，以收行气活血之效。

别例参考

王世襄编著《明式家具珍赏》（1985）录有一黄花梨滚凳，外形尺寸和此脚踏大体一致，见页 257。台北历史博物馆编辑委员会编《风华再现：明清家具收藏展》（1999）也载有另一滚筒式脚踏。该脚踏呈方形，踏面装有两个滚筒，边抹镶有铜条，四角包上铜饰件，见该书页 199。

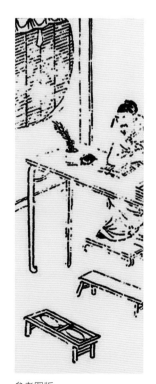

参考图版

滚凳　明万历刊本《鲁班经匠家镜》插图

134

28

黄花梨折叠靠背

明末清初　16世纪末至18世纪初
长44.5厘米、宽54.5厘米、高61厘米

古人席地而坐，为令坐姿舒适，制作出凭几、隐囊、靠背等可供倚傍的器物。凭几一般为半环形，带三足，可放在身后，又可放在身旁，甚至可环抱身前。隐囊呈球状，内里一般填以棉絮、丝麻等物，外面再套以锦罩，予人柔软舒服之感。靠背，又称养和，指一种可供躺坐的活动支架，不带腿，甚至没有座面。明清两代，靠背一般放在床榻和席上使用，背板可调节高度，配合人体不同姿势，构造巧妙合理。高濂《遵生八笺》记："靠背以杂木为框，中穿细藤如镜架然。高可二尺、阔一尺八寸（约62×56厘米），下作机局以准高低。置之榻上，坐起靠背，偃仰适情，甚可人意。"

此靠背以黄花梨制作，由背板、支架和底座组成，做工精巧。它采"拍子式"设计，可供折叠。背板和支架都设有圆轴与底座相接，令它们可以平放或斜立。背板板心镶藤屉，背面装有靠枕和木托。靠枕可上下移动，以适应不同坐姿；木托配合支架，可调节背板斜度。支架是用作支撑背板的构件，呈方形，以四根圆材攒接而成。底座以两块长形方材，中间加上两根横枨制成。它的四角做成石墩子形状，内挖卯眼，装入背板和支架的圆轴。竖起背板和支架，便可以组成安稳的靠背；背板和支架平放后，整个靠背就形同小长方盒，携带方便。

此靠背做工一丝不苟，靠枕正面雕荷叶图案，背面刻上荷花和莲蓬，两者合起来便是一株绽放的莲荷，构思别致。四角的墩子也刻有荷叶纹饰，刀工简练有力。莲荷清丽，出污泥而不染，是志行高洁之象征，由此看来，此靠背应为文人雅士之物。存世的靠背多为软木制作，以黄花梨做成的，此为仅见例子。

别例参考

明人陈洪绶（1598－1652）《陶渊明故事图》（见陈传席编《海外珍藏中国名画〔晋唐五代至明代〕上册》〔2010〕，页61），绘有一靠背，形制与此稍有不同。该画描绘隐逸之宗陶渊明席地而坐，斜倚靠背上。该靠背搭脑两端出头，背板板心镶藤屉。宋代李嵩（1166－1243）《听阮图》也绘有文士闲坐榻上，背倚靠背，细听仕女拨阮演奏的情景（见台北故宫博物院编辑委员会编《画中家具特展》〔1996〕，页38－39）。

古画参考

靠背　宋李嵩《听阮图》

29

黄花梨夹头榫画案

明末清初　16世纪末至18世纪初
长190厘米、宽82厘米、高83厘米

"书斋宜明净，不可太敞。明净可爽心神，宏敞则伤目力。窗外四壁，薜萝满墙，中列松桧盆景，或建兰一二，绕砌种以翠云草令遍，茂则青葱郁然。旁置洗砚池一，更设盆池，近窗处，蓄金鲫五七头，以观天机活泼。斋中长桌一，古砚一，旧古铜水注一，旧窑笔格一，斑竹笔筒一，旧窑笔洗一，糊斗一，水中丞一，铜石镇纸一。左置榻床一，榻下滚脚凳一，床头小几一，上置古铜花尊，或哥窑定瓶一。花时则插花盈瓶，以集香气；闲时置蒲石于上，收朝露以清目。或置鼎炉一，用烧印篆清香。冬置暖砚炉一，壁间挂古琴一，中置几一，如吴中云林几式佳。壁间悬画一。书室中画惟二品，山水为上，花木次之，禽鸟人物不与也。"

——明高濂《遵身八笺·起居安乐笺·居室安处条》

高濂（1573—1620）以上文字，仔细地描述了明代书斋的布局。众多文房用具，皆置于长桌上，其他家具和器物则起装饰作用。可见画桌画案是书斋的中心。

形制上，画案和条案均属王世襄先生所谓案形结构家具。条案指又窄又长的案，呈长方形，面板长度一般多于宽度一倍以上，故又名长案，它可分为翘头案和平头案两类。画案同为长形案，但不带翘头，只作平头案样式，而且专用来写字作画；此外，它的案面明显较条案宽阔，一般多60厘米。"案"字本为形声字，从木，安声。对古典家具收藏者来说，"案"字却别具意义，它由"安"字和"木"字组成，可以理解为最安稳的木制结构，设计比腿足在四角的桌子，更为优胜。

此画案案面为板心，边抹为素混面。案面下尚有麻灰痕迹。腿足用料硕大，全用方材，但削去棱角，做成扁方足，予人外圆内方之感。四腿以夹头榫方式，嵌入素身牙头和牙条，再与案面相接。腿足带明显侧脚收分，两侧腿间各设两根扁方形横枨，结构牢固。这张画案用材壮硕，素雅大方，虽为常见形制，但比例匀称，而且以珍贵的黄花梨木做成，实为明式家具典范之作。

别例参考

台北历史博物馆编辑委员会编《风华再现：明清家具收藏展》（1999）录有一黄花梨大画案，外形相近。该夹头榫画案板心桌面，冰盘沿，素牙头，直身牙条，方腿直足，通体不带雕饰，见该书页143。王世襄、柯惕思合编《中国古典家具博物馆藏精品》（Wang Shixiang and Curtis Evarts, *Masterpieces from the Museum of Classical Chinese Furniture*, 1995）所藏黄花梨画案，长156厘米，宽76厘米，外形相仿，只是案身较短，见该书页116-117；亦可参见王世襄编著、袁荃猷绘图《明式家具萃珍》（2005），页124-125。

参考图版
画案　清康熙刊本《圣谕像解》插图

30

黄花梨夹头榫平头案

明末清初　16 世纪末至 18 世纪初

长 154 厘米、宽 42.5 厘米、高 80.5 厘米

明式家具中，平头案十分常见。形制较大的平头案可置于中堂之下，上陈插屏、盆景等摆设。外形窄小的，则可设于书斋、画室、闺阁及佛堂等雅静之处。

此平头案以黄花梨制作，冰盘沿，案面攒边打槽，装独板面心。边抹以明榫相接，属早期做工。腿足圆直，以夹头榫与案面相接。牙条为直身刀牙板，牙头窄长，不带雕饰。腿足有明显侧角收分，两侧腿间设双横枨，枨子之间不镶绦环板，枨上枨下均不见牙头和牙条。这张案子线条简练，形制工整，尽展明式家具之动人韵趣。条案一般长约 1 米或 2 米，长 1.5 米的比较少见，这也是此案与别不同之处。

古人以"雪案萤窗"比喻苦学不辍，力求上进的人生境界。此案简素厚实，质朴无华，容易叫人想到文士学者伏身案前，映雪夜读，勤勉自励的情景。

别例参考

文化部恭王府管理中心编《恭王府明清家具集萃》（2008）录有一黄花梨夹头榫平头案，形制相仿。该案独板面心，冰盘沿，素牙头，直身牙条。腿足圆直，两侧腿间设双横枨，见该书页 46 – 47。

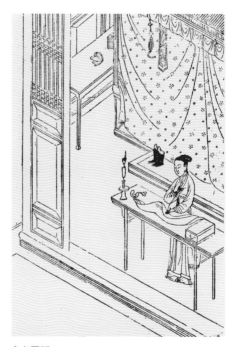

参考图版

平头案　明万历刊本《旗亭记》插图

31

黄花梨夹头榫云纹牙头平头案

明末清初　16世纪末至18世纪初

长194厘米、宽51厘米、高83厘米

　　此平头案以黄花梨制作，尺寸较之前一张稍大，独板面心，冰盘沿。牙条直身，牙头镂成卷云状，手工细致精巧。腿足用方材，削去角棱，做为混素面，然后在正中部分起两道阳线，形成"两炷香"样式，雕工圆熟有劲。两侧腿间设双横枨，结构牢固。此外，这案腿足和横枨内外均饰有压边线，手工细致，在明式家具中非常少见。

　　此平头案特点为独板面心，精彩的线脚及独特的牙头。

　　明清两代，案可用来陈设器物，以点缀厅堂或厢房。《红楼梦》所记的案头摆设林林总总，既有古玩、盆景，又有文房雅玩，叫人目不暇接：第三回的大紫檀雕螭案上设有"三尺来高青绿古铜鼎"；第五回贾宝玉在秦氏房中，便见案上摆着"武则天当日镜室中设的宝镜"；第四十回描写探春的房间"放着一张花梨大理石大案，案上堆着各种名人法帖，并数十方宝砚，各色笔筒，笔海内插的笔如树林一般"；同一回中，贾母要为薛宝钗装饰房间，便命人把"那石头盆景儿和那架纱照屏，还有个墨烟冻石鼎"拿来摆在案上，也是由于这个承置物品的功用，案成为明清居室常见家具。

别例参考

王世襄编著《明式家具珍赏》（1985）载有一黄花梨夹头榫酒桌，云纹牙头做工与此案相同，腿足和脚枨内外同样饰有压边线，只是桌身略短，见该书页133。朱家溍主编《明清家具（上）》（2002）录有一黄花梨如意云头纹平头案，形制类近。该案拼板面心，冰盘沿。案面下装直身牙条，牙头镂成如意云头纹。腿足呈扁方形，表面起一道阳线，做成"一炷香"样式。四腿外撇，有侧角收分，两侧腿间安双横枨，见该书页129。

参考图版

平头案　明末刊本《列女传》插图

32

黄花梨折叠式酒桌

明末清初　16 世纪末至 18 世纪初

长 111 厘米、宽 51 厘米、高 85.5 厘米

　　酒桌指形制短小的长方形案。酒宴中，它常用来摆放旨酒佳肴，故此得名。五代顾闳中（937 — 975）《韩熙载夜宴图》画有一用餐小案，外形矮小，线条简练，或为酒桌之前身。

　　此黄花梨酒桌，独板面心，冰盘沿，边抹不带拦水线。桌面下不设束腰，素身牙头与直身牙条由一木连做。腿足平直，以夹头榫方式与桌面相接。腿间设两根横枨，结构牢固。腿足和横枨均做成瓜棱状，做工细致。这酒桌腿足构件可以拆装，搬动容易，既可用于室内宴饮，又可用于庭园雅集。

　　我们一般称腿足缩进桌身的桌子为案，只是工匠过去惯称酒案为"酒桌"，约定俗成，大家也沿用旧说，称之为"酒桌"。

　　这折叠式酒桌用材讲究，形制工整，简练朴素，具有典型明式风格。

别例参考

王世襄编著《明式家具珍赏》（1985）载有一黄花梨夹头榫酒桌，形制相近。该桌桌面为桦木板心，冰盘沿。桌面下装直身刀板牙条，不带束腰。腿足圆直，用夹头榫与桌面相接，但不可折叠。腿间安两根横枨，见该书页 132。中国古典家具博物馆曾藏有一张青石面折叠式酒桌，形制相近。见王世襄、柯惕思合编《中国古典家具博物馆藏精品》（Wang Shixiang and Curtis Evarts, *Masterpieces from the Museum of Classical Chinese Furniture*, 1995），页 94；亦见王世襄编著、袁荃猷绘图《明式家具萃珍》（2005），页 98 - 99。1997 年佳士得拍卖目录也记有一黄花梨拆装式夹头榫酒桌，形制相同，见 Christie's Catalogue, *The Mr and Mrs Robert P. Piccus Collection of Fine Classical Chinese Furniture*（New York, 1997），页 136 - 137, Lot 74。

参考图版

酒桌　明万历刊本《投桃记》插图

33

黄花梨插肩榫炕案

明末清初　16 世纪末至 18 世纪初

长 78 厘米、宽 55 厘米、高 24 厘米

　　北方气候严寒，民居中多设有炕。它是一种以砖石砌建的室内设施，构造类近我们常见的灶。只要在炕内烧柴，烘热上面的石板，再在石板上铺炕席，便可做成温暖舒适的生活空间。王世襄先生指出炕桌、炕案和炕几外形矮小，都是在炕上使用的家具。形制上，炕桌四腿安于桌身四角，桌面宽度一般超过本身长度一半，而炕案和炕几则外形窄长，不如炕桌般宽阔。炕案和炕几的区别在于炕几由三块板做成，或腿足设于几面四角；炕案的腿足则缩入案身，不在四角，形制与案形家具无异。使用上，炕桌一般置于炕或床榻的中间，侧沿贴近炕沿或床沿，左右坐人，而炕案和炕几则也可放在炕或床榻两端，在上面陈设器物或用具。（见王世襄编著《明式家具研究・文字卷》〔1989〕，页 45 — 49。）

　　这张炕案以黄花梨制作，四足向内缩进，不在四角。案面为独板面心，冰盘沿。案面下不带束腰，壶门状牙条与腿足以插肩榫夹角相交，而插肩榫则与外出牙条平行，与一般呈三角形的做工稍有不同，其形制可追朔明代大漆家具（见柯惕思编著《山西传统家具——可乐居选藏》〔1999〕，页 261 — 270）。牙条线脚沿着牙条的壶门曲线向左右伸延，与腿足线脚相接，手工精巧细致。腿作外三弯腿，足为卷云足，足后出一小叶，足端下方又削成方形墩子，造型别致。两侧腿足间装有一根横枨，结构牢固。

　　此炕案用材讲究，线条婉丽多变，外形犹如一张形制工整的短足小画案，虽为炕上器物，但做工一丝不苟，实为难得之作。

别例参考

美国明尼阿波利斯艺术学院（Minneapolis Institute of Arts）藏有一黄花梨炕案，形制相近。该书又从外形和做工分析，指出该案应为明末器物，见罗伯特・雅各布森、尼古拉斯・格林德利编著《明尼阿波利斯艺术学院藏中国古典家具》（Robert D. Jacobsen and Nicholas Grindley, *Classical Chinese Furniture in the Minneapolis Institute of Arts*, 1999），页 96-97。此外，该书又录有一明代永乐年间（1401-1424）红漆炕案，四腿缩进案面，做工也可参考，同上书，页 92-93。朱家溍主编《明清家具（下）》（2002）录有一黄花梨炕案，形制与此不大相同。该案案面有以紫檀做成的圆形装饰，又镶珠母、象牙和彩石。腿足方直，腿身嵌螺钿螭纹，足端削成如意形状。两侧腿间安镂空螭纹绦环板，见该书页 148。

古画参考

炕案　南宋马和之《小雅节南山》

34

黄花梨画桌

清初 17世纪中叶至18世纪初

长165厘米、宽62厘米、高86厘米

形制上，脚足安于面板四角的曰"桌"。它一般采四面平做工，面板下可带束腰，可不带束腰，腿足多用方材。此桌以黄花梨制作，边抹做为素混面。面板下只装牙条，不设束腰。牙条宽阔，与牙头以一木连造。四腿圆直，稍向内缩进桌身，但不用一腿三牙样式。腿间装罗锅枨，却不安矮老。由于牙条宽阔，脚枨不得不安于腿足稍低位置，一般情况下，或会妨碍使用者腿膝活动，只是古人写画多站于桌旁，在桌面铺开画纸，然后在上面勾勒点染，脚枨稍低不会对他们构成不便。此画桌造型简练，古意盎然，宽阔的牙条更予人沉稳朴实之感，尽展明式家具之韵趣。

别例参考

圆脚直牙条罗锅枨画桌，出版实例甚少。王世襄编著《明式家具珍赏》（1985）载有相同形制之条桌，见页148。朱家溍主编《明清家具（上）》录有一紫檀小长桌，做工稍近。该桌腿间安罗锅枨加矮老，但不带牙条，见该书页118。台北历史博物馆编辑委员会编《再现风华：明清家具收藏展》（1999）又录有一四面平马蹄足画桌，形制稍有不同。该画桌板心桌面，不带束腰。四腿方直，足作内翻马蹄样式。腿间安直枨，边抹与枨子之间，装透空长形板，枨下加设回纹托牙，见该书页146。

参考图版

画桌 明末刊本《水浒传》插图

35

黄花梨一腿三牙画桌

明末清初　16世纪末至18世纪初

长130厘米、宽70厘米、高86厘米

一腿三牙是明式桌子常见形制。它的特点是将四根腿足缩进桌身，然后在桌面四角安上角牙，这样，每根腿足除与左右两根牙条相接外，还跟角牙相交，故称一腿三牙。这个设计使腿足得到左右牙条和角牙夹抵，结构更为牢固。在四角加上托牙的做法明显是承袭斗栱而来。古代建筑工匠为令屋檐大幅向外伸出，在立柱和横梁交接处，做出一层层向外探出的支撑构件，用以承托屋檐。这个构件就是斗栱。

此长方桌以黄花梨制作，采一腿三牙样式。桌面为独板面心，冰盘沿。四腿缩入桌身，在桌角下装空托牙子。腿足圆直，带明显侧角收分。腿间设高拱罗锅枨，枨上横边紧贴牙条，既令结构更为坚固，又令桌面下空间更显空阔，使用起来倍感方便。

存世的一腿三牙桌子多为方桌，长方桌的较少见到，这张桌子形制整饬，做工精细，弥足珍视。

别例参考

古斯塔夫·艾克著《中国花梨家具图考》（Gustav Ecke, *Chinese Domestic Furniture*, 1986）载有一腿三牙长方桌，该桌腿足为黄花梨，桌面为老花梨，牙条宽大，腿足间装罗锅枨，见页68–69。朱家溍主编《明清家具（上）》（2002）录有一黄花梨例子，也以一腿三牙长方画桌称之。该桌边料宽大，冰盘沿。腿足圆直，三面与牙子相接，侧脚收分明显。腿足间设高拱罗锅枨，见该书页119。类似的方形一腿三牙桌子，可参考台北历史博物馆编辑委员会编《风华再现：明清家具收藏展》（1999），页128–129。王世襄编著《明式家具珍赏》（1985）也载有三张一腿三牙桌子，但均属方桌，见页141–143。王世襄编著《明式家具研究》（1989）载了二例一腿三牙条桌（文字卷，页57；图版卷，页90–91），虽为条桌，而四足又自角边收入明显，也不以案称之，可能是一腿三牙方桌的引申。

参考图版

一腿三牙条桌　明崇祯刊本《占花魁》插图

36

黄花梨半桌

明末清初　16世纪末至18世纪初

长104厘米、宽52厘米、高87.5厘米

半桌用途广泛，它既可置于厅堂两侧，又可放于闺阁和书斋之内。文征明（1470 — 1559）《猗兰室图》描画书斋之中，主人操琴自娱的情景。画中主人身后便有一半桌倚墙而放。该半桌不带束腰，足端向内翻转，形制与此桌稍有区别（见中国古代书画鉴定组编《中国绘画全集〔第13卷〕·明4》〔2000〕，页22 — 23）。半桌亦可放于方桌之旁，以增加桌面长度。

此半桌以黄花梨制作，板心桌面，冰盘沿。桌面下束腰与牙条以一木连造。牙条做成壶门状，以抱肩榫与腿足交接。四腿方直，足作内翻马蹄样式。腿间安罗锅枨，但不加矮老。这半桌造型简练，形制工整，曲线牙条和脚枨又为整体线条增添变化，展现浓厚明式韵趣。

别例参考

朱家溍主编《明清家具（上）》（2002）录有一黄花梨半桌，形制相近。该桌板心桌面，冰盘沿，有小束腰。牙条做成壶门状，雕有螭纹和卷草纹。四腿方直，足端削成内翻马蹄状。腿足之间装罗锅枨，但不加矮老，见该书页112。安思远编著《明代与清初中国硬木家具图录》（R. H. Ellsworth, *Chinese Furniture: Hardwood Examples of the Ming and Early Ching Dynasties*, 1997）载有一黄花梨方桌，该桌的壶门牙条与此半桌相同，可资参考，见页176, Item 75。

参考图版

条桌　明万历刻本《洛阳记》插图

37

黄花梨四面平琴桌

明末清初 16 世纪末至 18 世纪初

长 107 厘米、宽 53 厘米、高 85 厘米

琴桌可见于宋代赵佶（1082 — 1135）《听琴图》。画中的琴桌呈长形，桌面平直，四腿，直足，两侧腿足间装有双枨。它最特别之处是桌面下设夹层，形成共振箱，令琴声更为清脆。（见中国古代书画鉴定组编《中国绘画全集〔第 2 卷〕·五代宋辽金 1》〔1996〕，页 150 — 151。）曹昭（元末明初人，生卒不详）《格古要论》对琴桌的形制更有清楚说明："琴卓（桌）须用维摩样，高二尺八寸，可入漆于卓（桌）下。阔可容三琴，长过琴一尺许。卓（桌）用郭公砖最佳，玛瑙石、南阳石、永石者尤好。如用木者，须用坚木，厚一寸许则好，再三加灰漆，以黑光之。"可见古人对琴桌做工是如何讲究。

此黄花梨琴桌全用方材，桌面为两并面心，桌面下装直身牙条，不带束腰，四腿方直，足作内翻马蹄样式，腿间无脚枨。做工采四面平造法，四腿和牙条以格角相交，先做成一个架子，然后在中间加裁榫，与桌面相接。这个做法，腿足和边抹不用以棕角榫相交，结构更见牢固，而且边抹和牙条两道横材合在一起，看面加大，予人用材坚实厚重之感。此外，工匠为了减去巉刻陡峭之感，又将牙条和腿足接合处做成婉顺的圆角，手工精巧细致。

琴为雅物，琴声喻为天地之音，这张琴桌，线条朴素简练，风格平正柔和，正好与清远闲淡的琴音配合。入清以后，四面平式多用如方角柜四角的棕角榫结构，很少另加桌面做法。

别例参考

台北历史博物馆编辑委员会编《风华再现：明清家具收藏展》（1999）录有一黄花梨琴桌，形制相近。该桌同采四面平做法，桌面镶瘿木板心，四腿方直，足作内翻马蹄样式，见该书页 133。

参考图版

琴桌 明万历刻本《西厢记》插图

收藏小记

　　四面平的设计，我认为是明式家具最简单及具现代感的创作。这是我第一
张收藏的桌子。它皮壳古雅，黄花梨纹理匀称有致，比其他四面平桌子，毫不
逊色。

38

黄花梨供桌

清初　17 世纪中叶至 18 世纪初

长 108 厘米、宽 70 厘米、高 77 厘米

　　此供桌以黄花梨制作，冰盘沿。桌面下，阔身牙条与束腰以一木连造，用材硕大。腿足以两块超过 3 厘米厚板合并做成，上宽下窄，向外斜撇，边缘又造成曲线形状，外形独特，叫人啧啧称奇。这样的腿足造型，或许是模仿青铜器的鼎足做工而来。商代喝酒用的青铜方斝，腿足形态便与此十分相似（见中国社会科学院考古研究所编著《殷墟青铜器》〔1985〕，页 143）。此外，五代周文矩（生卒年代不详，约活跃于 943 — 975）《宫中图》的坐具，腿足形态和此供桌的类近。

　　在做工上，这样设计也有优点。在明清版画中，供桌多置于大型长案之前，用以摆放鼎炉、法器和祭品，故此必须坚固扎实。此供桌不设脚枨，牙条又在腿足之上，若在上面放置重物，或会影响四腿结构。腿足上端宽阔，能缩短腿间距离，大大加强承重能力，而且上宽下窄的外形，可将重量平均传递到足端，令桌子更为牢固。

别例参考

王世襄先生指出，模仿青铜器形制的供桌在清初十分流行，田家青编著《清代家具（修订本）》（2012）载有一鸂鶒木供桌，外形模仿青铜鼎。该供桌腿足采挖缺做工，腿身浮雕拐子纹。桌边立面雕"卍"字纹，手工繁复细致，见该书页 219。此外，王世襄编著《明式家具珍赏》（1985）也载录一楠木嵌黄花梨仿鼎形供桌。该供桌桌面髹上朱漆，腿足同采仿鼎足做工，见该书页 179 以及王世襄编著《明式家具研究》（1989），页 39 及页 70。这张供桌选材讲究，用材硕大，腿足又别树一帜，模仿青铜器做工，展现时代风尚，是明式家具少有之精品。

古画参考

供桌　清院本《十二月令图轴》之十二（局部）

收藏小记

　　初见此桌，颇为其气势所震撼，但是已出版的图录未有载录类似器物，叫人担心它的真伪和用途。北京大收藏家马未都先生 2014 年初到我家中，很快就断定此桌模仿青铜器造型，是清初之物。及后见到清宫《十二月令图轴》，再没有怀疑此桌的重要性。

39

黄花梨三足月牙桌

清初　17世纪中叶至18世纪初

长94.5厘米、宽48.5厘米、高82厘米

此月牙桌以黄花梨制作，本为一对，合起来可组成圆桌。桌面呈半月形，冰盘沿。桌面下，束腰与牙条以一木连造。牙条雕出壶门轮廓，外形优美。腿足为三弯腿，以插肩榫与牙条相接，线条婉柔流丽。腿足上端削成卷叶状，足端则刻如意塔纹，手工圆熟细致。明代北京工部御匠司司正午荣注《鲁班经·圆桌式》记："方三尺另八分（约93厘米），高二尺四寸五分（约76厘米），面厚一寸三分（约4厘米），串进两半边做，每边桌脚四只，二只大，二只半边做，合进都一般大，每只一寸八分大，一寸四分厚，四围三湾勒水。余仿此。"可见圆桌一般分成两张半圆桌来做，每边四足，靠边的两足较窄，宽度是中间两足的一半。此月牙桌边旁两足的宽度刚好是中间腿足的一半，两张半月桌若拼一起，边旁两足相合，宽度便和中间两足相等，做法正与此说相符。

存世的月牙桌多为四足，三足的较为少见，此桌选材讲究，做工精巧，形态婀娜有致，为明式家具精品。

别例参考

安思远编著《洪氏所藏木器百图》卷一（Robert H. Ellsworth, *Chinese Furniture: One Hundred Examples from Mimi and Raymond Hung Collection*, Vol. I, 1996）载有一三弯腿月牙桌，形制接近。该桌以黄花梨制作，牙条沿边起线，以插肩榫与腿足相接，疑为本桌另外一半，见该书页150–151。北京市颐和园管理处编《颐和园藏明清家具》（2011）录有一对三足月牙桌。该桌以紫檀制作，桌面嵌粉彩瓷板。桌面下，束腰开四个细鱼门洞。腿足方直，腿足上部和牙条铲地浮雕蝠庆纹，足端刻如意云头。腿间安冰裂纹脚踏，形制与此月牙桌稍有不同，见该书页102–103。

参考图版

月牙桌　明末刊本《西湖二集》插图

40

黄花梨三足带托泥月牙桌

清初　17 世纪中叶至 18 世纪初

长 105 厘米、宽 58 厘米、高 88 厘米

此月牙桌以黄花梨制作，形制较之前一张大。桌面呈半月形，冰盘沿。桌面下带束腰，牙条雕出曲线轮廓。牙条中间刻上卷草如意纹，左右各浮雕一卷草龙，龙首相望。腿足为三弯腿内翻卷云足，以插肩榫与牙条相接。腿足上端雕蝠庆纹，足端则刻如意云纹，手工圆熟精巧。腿足下带托泥，结构坚固。

桌面直边有两个榫眼，此桌应可与另一张月牙桌拼在一起，组成圆桌。这种组合式设计，令它的用途更见灵活。两张月牙桌拼合起来，可变为圆桌，放在厅堂中，作宴饮之用；分开后，它们可单独摆放，置于卧室或书斋，或倚墙而摆，或靠于窗边，在上面陈设花瓶、古玩，营造疏洁雅致之趣。

这三足月牙桌形制工整，线条婉丽，足下带托泥，做工与前面一张有所不同，雕饰也较为繁多细密，应为清代器物。

别例参考

菲利浦・德巴盖（Philippe DeBacker）编《永恒的明式家具》（2006）录有一黄花梨三足月牙桌，形制类近。该桌桌面为冰盘沿，桌面下带束腰，牙条沿边起卷草纹，以插肩榫与腿足相交。腿足为三弯腿卷云足，见该书页 100–101。

参考图版

月牙桌　明崇祯刊本《明月环》插图

41

黄花梨四足月牙桌

清中叶　18 世纪
长 102 厘米、宽 52 厘米、高 86.5 厘米

此月牙桌以黄花梨制作，板心桌面，边抹做成素混面。边抹下设双劈料牙条。四腿圆直，腿间装罗锅枨，枨子上有矮老与牙条联结。由于腿足宽度相等，直边又不见榫眼，可见此月牙桌属单独制作，而不是半张圆桌。

明式家具中，枨子的作用是增强腿足之间的联系，常见的有直枨和罗锅枨两类。罗锅枨两端低、中间高，形如拱起的罗锅，故此得名。古代工匠为令罗锅枨可负起承重作用，以短柱将罗锅枨和上面的牙条或边抹联接，这些短柱便是"矮老"。罗锅枨加矮老也成为明式家具常见样式。这张桌子为统一风格，牙条也做为罗锅状，做工细致，是它的一个特色。

此外，桌子腿足上端采裹腿做法，按道理，脚枨也应以同样方式与腿足交接，但这桌子的脚枨却以格角与腿足相交，不采裹腿做法，做工别树一帜，也较为少见。

别例参考

王世襄编著《明式家具研究》(1989)也录有一红木四足月牙桌，形制相近，但牙条裹足没有作罗锅状，见页 141。黄定中编著《留余斋藏明式家具》(2009)又录有一黄花梨四足月牙桌，与以上明式家具外形类近，见页 190－191。

引用图版
月牙桌　王世襄编著《明式家具研究》页 141
插图（重画）

收藏小记

明式家具的重生，感谢当时在北京生活的外国人。他们当时可以用很廉宜的价钱，找到一些漂亮的硬木家具。这张桌子可能是其中一例。在 20 世纪出版的中国古典家具图录中，最早载录月牙桌的是美国收藏家乔治·凯茨（George N. Kates）的《中国家具》（*Chinese Household Furniture*, 1948）。书中所录的月牙桌于北京购得，牙条也作罗锅状，尺寸相近。

42

黄花梨展腿方桌

明末清初　16 世纪末至 18 世纪初

长 98 厘米、宽 98 厘米、高 88 厘米

方桌指四边长度相等的正方形桌子，由于它每边可坐两人，故又名八仙桌。方桌用途广泛，它可置于长案前面，左右各放一椅，用以会客；又可放在厅堂中间，配以凳椅，作为饭桌。此外，明人文震亨曾提及一种大型方桌，它"古朴宽大，列坐可十数人者，以供展玩书画"。

此方桌以黄花梨制作，冰盘沿。桌面下束腰与牙条以一木连造。壶门牙条左右各浮雕一螭，螭首相望，牙条线脚在牙条中间形成如意卷草纹，然后沿着牙条曲线向左右伸延，与腿足线脚相接，手工精巧细致。

这张桌子的特点在于采用展腿结构。所谓展腿是拆装式家具的一个做法。它是将一张腿足短小的桌子装在四根长腿上，变成可放在地上使用的高身桌子。此桌腿足分为两部分，上端以抱肩榫与牙条相接，抱肩以下，做成外翻三弯马蹄腿；下端为带霸王枨高身圆腿，两端相接，便组成展腿。这张桌子可以当作方桌，放于厅堂，拆装后，又可以变成一张矮桌，摆在炕上使用，一物二用，灵活多变，亦方便收藏。清代以后，展腿渐变成腿足装饰手法，虽仍做出两层样式，但以一木连造，不可拆装。

别例参考

美国明尼阿波利斯艺术学院（Minneapolis Institute of Arts）载录的黄花梨展腿方桌，形制类近。该桌四足安有霸王枨，拆去后，桌子也可变成炕桌，见罗伯特．雅各布森、尼古拉斯·格林德利编著《明尼阿波利斯艺术学院藏中国古典家具》（Robert D. Jacobsen and Nicholas Grindley, *Classical Chinese Furniture in the Minneapolis Institute of Arts*, 1999），页 136-137。朱家溍主编《明清家具（上）》（2002）也录有一黄花梨展腿方桌，做工稍有不同。该桌独板面心，冰盘沿，带小束腰。展腿上端为外翻马蹄足样式，下端为高身圆腿。腿足可以装拆，只是左右两边的腿足有两根脚枨相连，拆装时，每边两根腿足需同时取出。移去圆腿后，这张桌子也可变成炕桌，见该书页 81。中国古典家具博物馆载录的黄花梨展腿方桌，做工和《明清家具》的一样，也可参考，见王世襄、柯惕思合编《中国古典家具博物馆藏精品》（Wang Shixiang and Curtis Evarts, *Masterpiece from the Museum of Classical Chinese Furniture*, 1995），页 106-107。

参考图版

方桌　明崇祯刊本《金瓶梅》插图

43

黄花梨展腿半桌

明末清初　16世纪末至18世纪初

长97.5厘米、宽48.5厘米、高87厘米

半桌因尺寸只有半张方桌大小，由是得名。它既可单独使用，又可在宾客众多时，与八仙桌拼在一起（参见页187），扩大桌面面积，故又称为接桌。

此半桌以黄花梨制作，做工和前面的黄花梨展腿方桌相近，应由同一木作坊制作，殊为难得。桌面为独板面心，冰盘沿。桌面下束腰与牙条以一木连造。壶门牙条左右各有一螭，螭首对望，牙条线脚在牙条中间形成灵芝纹，然后沿着牙条曲线向左右伸延，与腿足线脚相接。这张桌子同样采用展腿设计，腿足分为两部分。上端以抱肩榫与牙条相接，抱肩以下，做成尺许长的外翻三弯马蹄腿；下端为带霸王枨高身圆腿，两端交接，做成展腿。这张桌子可置于厅堂两侧，以之陈设器物，拆去腿足下端后，又可变成一张小桌，放于炕上，用来调琴品茗。

别例参考

黄花梨展腿半桌不常见到，王世襄编著《明式家具珍赏》（1985）录有一黄花梨展腿半桌，形制类近。该半桌面心为独板，带小束腰。正面和背面牙条雕有凤纹，两侧牙条则刻上花鸟纹。腿足上部分为外翻三弯腿，下部分则为圆柱腿，足端又削成墩子形状。每根腿足均安角牙和霸王枨，见该书页139。

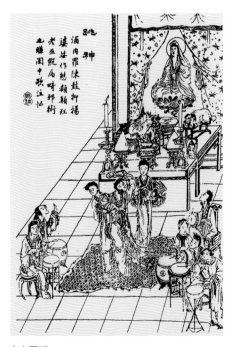

参考图版

半桌　清光绪石印版《聊斋志异》插图

44

黄花梨方桌式活面棋桌

清中叶　18 世纪

长 76 厘米、宽 76 厘米、高 86 厘米（连活动桌面）；83 厘米（移开活动桌面后）

此棋桌以黄花梨制作，外形类似一张方桌，边抹做为冰盘沿，有束腰。腿足上端做为抱肩展腿，足为内翻马蹄。四腿之间装罗锅枨，枨子上有矮老与牙条相接。每根牙条各设有一个抽屉。牙条下方和枨子下方装斗栱状角牙，令腿足结构更为牢固。活桌面搬开后，首先见到的是围棋、象棋用的棋盘。棋盘移走后，下面是双陆棋盘和方井。围棋和象棋棋子盒则设在桌子四角。活动桌面攒框镶两拼黄花梨面板，边抹平直。此桌做工细致，用材讲究，雕饰华美而不繁多，展现由明入清的特点。此外，由于双陆棋在干隆以后日渐消亡，此棋桌却仍有双陆棋盘，故应为干隆或以前器物。

这张桌子可用来下围棋、象棋和双陆棋，可见这三者在当时十分流行。大家对围棋和象棋都耳熟能详，对双陆棋或会感到陌生。事实上，自唐至清初，双陆棋十分流行，《新唐书》便载有狄仁杰（630 — 700）藉对武则天梦中双陆不胜的解释，劝谏武则天应为唐室子嗣作好安排。到了清代《红楼梦》仍有贾母和李纨下双陆棋的描述。只是清初赌风炽盛，为防微杜渐，康、雍、干三朝都大力禁赌。马未都指出乾隆为了禁赌，更将双陆棋禁了，由于有明令执法，加上处罚严厉，双陆棋也就渐渐消亡（参见马未都著《马未都说收藏·家具篇》〔2008〕，页 82）。

别例参考

田家青编著《清代家具》（2012）录有一紫檀方桌式活面棋桌，外形稍有不同。该桌呈方形，无束腰。桌面垛边，桌面下设裹腿脚枨。枨子上有矮老与边抹相接，矮老之间嵌装绦环板。枨子下四角装托角牙。打开桌面后，下面是围棋和象棋棋盘。取出棋盘后，见到的是方井和双陆棋盘。围棋和象棋棋子盒放在对角。桌子四边各有一个暗抽屉，见该书页 222 - 223。

参考图版

棋桌　明天启刊本《西游记》插图

45

鸂鶒木条几

清中叶　18世纪

长188厘米、宽37厘米、高86厘米

形制上，条几、条桌和条案均属形制窄长的桌案形家具。条几指由三块厚板造成的长几。该三块厚板也可用攒边镶板的方式制作。条桌呈长方形，腿足位于四角；条案的外形和条桌相若，只是腿足向内缩进，不在四角。

条几的用途很广，文人或用以看书画、抚琴，或用以陈设器物。此条几以三块鸂鶒木制成，每块板材厚逾三厘米，用料硕大。面板和板足之间不镶角牙，只以榫卯相接。几面板材呈紫褐色，色泽深浅相间，形成状如锦鸡羽毛的华美花纹。两侧板足中间透雕大型如意，刀工遒劲有力。板足内侧另装一根圆材，做成卷书形态，为条几本身平直的线条增添变化，又令板足不易变形，思虑细密周详。

这鸂鶒木条几朴素简练，沉稳凝重，展现浓厚明式风度。

别例参考

硬木条几十分罕见，王世襄编著《明式家具珍赏》（1985）录有一铁力木条几，形制类近。该几以三块厚约二寸的整板造成，板足中间挖出长圆形空档，足端做为卷书形态，见该书页147。

古画参考

条几　清王肇基《王梦楼抚琴图轴》

46

鸂鶒木灵芝纹独板翘头案

清初　17 世纪中叶至 18 世纪初

长 297 厘米、宽 44 厘米、高 85 厘米

　　此案通体以鸂鶒木制作，面板、两侧挡板均以厚身独板做成，翘头与抹头也以一木连做，用材硕大。案面冰盘沿，板心为独板，呈深褐色，有锦鸡羽毛般之华美花纹，尽显鸂鶒木的肌理特色。案面下设平直牙条。牙头雕作灵芝状。腿足为扁方足，与案面以夹头榫交接，做工采"四腿八挓"样式，既向外撇，又带明显侧角收分，属明式家具考究做法。两侧腿间装两根横枨，底枨下设壶门牙条，构造坚实牢固。挡板以一整块板材制成，透雕巨型灵芝图案，刀工苍劲有力，圆熟精到。

　　案身近三米的长案不常见到，这案外形壮硕，沉稳厚重，应是高门大户或寺观之物。

别例参考

王世襄、柯惕思合编《中国古典家具博物馆藏精品》（Wang Shixiang and Curtis Evarts, *Masterpieces from the Museum of Classical Chinese Furniture*, 1995）录有鸂鶒木翘头案，做工稍有不同。该案两端翘头，直牙条，牙头透雕凤纹。腿足方直，表面刻有"两炷香"线，以夹头榫与案面相连。腿足下安托子，两侧腿间镶透雕卷灵芝纹挡板，见该书页 112－113；亦见王世襄编著、袁荃猷绘图《明式家具萃珍》（2005），页 122－123。

参考图版

翘头案　明崇祯刊本《鼓掌绝尘》插图

47

黄花梨独板拆装式翘头案

明末清初　16世纪末至18世纪初

长270厘米、宽40厘米、高93厘米

　　此案通体以黄花梨制作，面板，两侧挡板均以独板做成，每块板材厚近寸半，用材硕大，殊为难得。两端翘头挺拔有劲，与抹头以一木连造。案面板材纹理匀称有致，色泽褐红，有温润沉厚之感。案面下牙条和牙头同以大料一木连造，牙条平直，牙头镂成灵芝状。腿足做成扁方足，既向外撇，又有明显侧角收分，以夹头榫与案面相接。两侧腿间设两根横枨，结构牢固安稳。牙条、牙头及腿足均饰以粗身线脚，手工一丝不苟。挡板是以一整块板制成，做工尤其用心。工匠先将板心剜空，铲地凸线，做出带委角方框，然后在中间两面透雕巨型灵芝图案，刀工利落明快。

　　从尺寸大小来看，此案应为供案，清人或称之为"满堂红"，一般靠墙而放，摆在厅堂正中位置。墙上挂有书画或匾额，案上或置花瓶，或陈鼎炉，或放插屏。居室以外，寺院道观也会置放这种供案，上设祭品、法器，作礼佛参神之用。此案虽然又大又重，但可供拆装，只要移去面板，便可轻易取走腿足，搬运起来，十分方便。

　　此案的独特之处是前后两块牙条雕工不同，一块以浮雕勾出灵芝纹，一块则为博古纹，末端另刻上灵芝纹。这样做工明显是要配合不同场合要求。此外，牙头一面方正，一面圆润，似代表阴阳调和，该案或是婚嫁之物。牙条纹饰不同的例子十分罕见，加上此案体形壮硕，做工细致，又以黄花梨制作，在明式家具中难得一见。

别例参考

韩蕙编著《清辉映目——中国古典家具》（Sarah Handler, *Austere Luminosity of Chinese Classical Furniture*, 2001）载录纽约大都会艺术博物馆（Metropolitan Museum of Art）藏有一明代或清代龙纹翘头案，做工类近。该案两块牙条，一块雕工繁多，一块雕饰简约。工匠明显是告诉大家，雕饰繁多的一面为案的正面，简素无饰的则为案的背面。摆放时，案的背面应面墙而放。见该书页236-237。博古纹与圆润灵芝刻纹也曾在一张明崇祯年代（1628-1644）的供桌牙子出现，见柯惕思（Curtis Evarts）的论文"Dating and Attribution: Questions and Revelations from Inscribed Works of Chinese Furniture"（刊于 *Orientations*, Vol. 33, No. 1, January 2002, 页32-39）。

朱家溍主编《明清家具（上）》（2002）也录有一黄花梨灵芝纹翘头案，形制类近。该案两端翘头，直牙条，牙头透雕灵芝纹。腿足方直，表面刻有"两炷香"线，以夹头榫与案面相连。腿足下安托子，两侧腿间镶透雕卷云纹挡板，见该书页145。

参考图版

翘头案　明崇祯刊本《金瓶梅》插图

收藏小记

翘头案因体积巨大，在香港细小的房子很难收藏或摆放，故一向要价不高。存世的独板也多用于修补家具的材料。我初见这张翘头案是十五年前的事。当时也考虑购买，终因家内地方不够而放弃。随着明式家具热及黄花梨木贫乏，独板黄花梨翘头案价钱暴升。幸好我认识的行家因关了门市，这翘头案仍在他的仓存，让我最后能真正拥有它。

48

黄花梨带屉板小平头案

清初　17世纪中叶至18世纪初

长66厘米、宽38厘米、高78厘米、屉板高51.5厘米

　　此小平头案以黄花梨制作，案面为独板面心，腿足圆直，以夹头榫嵌入直身牙条和素身牙头，再与案面相接。此案特别之处在于脚枨间镶上屉板，做成隔层，这个做法明显是要扩大可用空间，增添实用价值，也令结构更加坚固。由于在四腿间凿孔接榫，安上屉板，或会影响腿足的牢固程度，所以工匠在屉板下加设角牙和直身牙条，以巩固整体结构，考虑细密周详，叫人称赏。存世的带屉板小平头案中，采用这样做工的，此为仅见例子。这张小案朴素简练，可置于书斋，用来陈设书册和画卷，营造闲雅恬静之趣。

别例参考

王世襄编著《明式家具珍赏》（1985）录有一夹头榫带屉板平头案。该案在案面下尺许之处装横枨，然后在枨子间镶屉板，形制与此平头案十分相近。王世襄指出由于工匠在腿足的等高处凿眼，装入枨子，会影响腿足的坚固程度，故此屉板承重能力有限，不宜多放东西，见该书页156。不过，晏如居这张平头案却在枨子下装有牙条，增强了屉板的承托力，也就变得更为实用。

古画参考

带屉板小桌　宋刘松年（约1155—1218）《西园雅集》

49

黄花梨带屉板长方桌一对

清中叶　18世纪

长 74.5 厘米、宽 45 厘米、高 77 厘米

此对长方桌以黄花梨制作。桌面面心为独板，带拦水线，边抹做成冰盘沿。桌面下束腰与牙条以一木连造，牙条带壶门曲线，以抱肩榫与腿足相接。四腿中间镶屉板，这样做法，明显是要扩大使用空间，增添实用价值。四腿方直，足作内翻马蹄样式。

古画参考

带屉板长方桌

1. 清姚文瀚《弘历鉴古图》

2. 宋人物画（《天籁阁旧藏宋人画册：羲之写照图》）

别例参考

这对桌子外形独特，有人认为它们是一对茶几。清代以来，茶几日趋普及，《恭王府明清家具集萃》载录的数张硬木茶几，皆装有屉板。不过，茶几一般与椅子成堂配套，尺寸不应过大，恭王府所藏的茶几呈长方形，长度不多于 46 厘米，可是这对几子又阔又长，若夹置在椅子中间，明显格格不入，所以不应是茶几（见文化部恭王府管理中心编《恭王府明清家具集萃》〔2008〕，页232-246）。王世襄编著《明式家具珍赏》（1985）载有一几腿式架格，架格本身无足，用两个小几支撑，见该书页 203。因此，有人觉得这对长方桌或是柜子的底座，只是它们高 76.8 厘米，若再在上面放置柜子，使用起来，不大方便，所以它们不应是用来承托柜子的。

古人制器是配合实际需要，往往不拘形制，这对长方桌既可作为酒桌，在上面放置菜肴，也可用作香几，放于罗汉床侧，用以陈设香炉、盆景，或放置书册、古玩，用途灵活多变，可说是明式家具别树一帜之作。这对方桌曾载录于 2006 年纽约的佳士得拍卖目录，见 Christie's Auction（19 Sept 2006, New York），Lot 69。

收藏小记

　　收藏了这对带屉板长方桌已有一段时间，因缺少佐证文献，不大明白它们的用途。大部分行家都说是清末设计。直至见到《弘历鉴古图》后，才发现它是乾隆年间已有的式样。再追溯到宋代"人物画"原作，才发现画中的桌子没有这带屉的设计。家具趋向实用，可见一斑。

50

黄花梨四抽屉桌

明末清初　16 世纪末至 18 世纪初

长 180 厘米、宽 55 厘米、高 91 厘米

　　此四抽屉桌外形和闷户橱十分接近，因此有论者把它当成闷户橱，归入柜架类。只是闷户橱设有闷仓，这桌子却没有，在形制上，归入桌案类，似乎较为恰当。

　　桌子以黄花梨制作，独板面心，两端翘头，边抹做成冰盘沿。面板下装抽屉四具。四块抽屉面板中，两块雕梅花纹，另两块刻海棠纹，分别代表春秋两季，亦以借代四时。牙条呈壶门状，雕缠枝花卉纹。腿足全用方材，做成扁方足外形，有明显侧角收分。腿足与面板的拐角处装卷叶状角牙，两侧腿间装横枨，结构牢固。

别例参考

王世襄编著《明式家具珍赏》（1985）录有一四抽屉桌，形制类近。该桌以铁力木制作，抽屉面板刻有折枝花和卷草纹。四腿方直，有明显侧角收分。腿间安雕卷草纹牙条。腿足与桌面之拐角处装卷叶纹托角牙。两侧腿间安单横枨，见该书页 177。该抽屉桌又收录于朱家溍主编《明清家具（上）》（2002），页 200。

参考图版

抽屉桌　明崇祯刊本《金瓶梅》插图

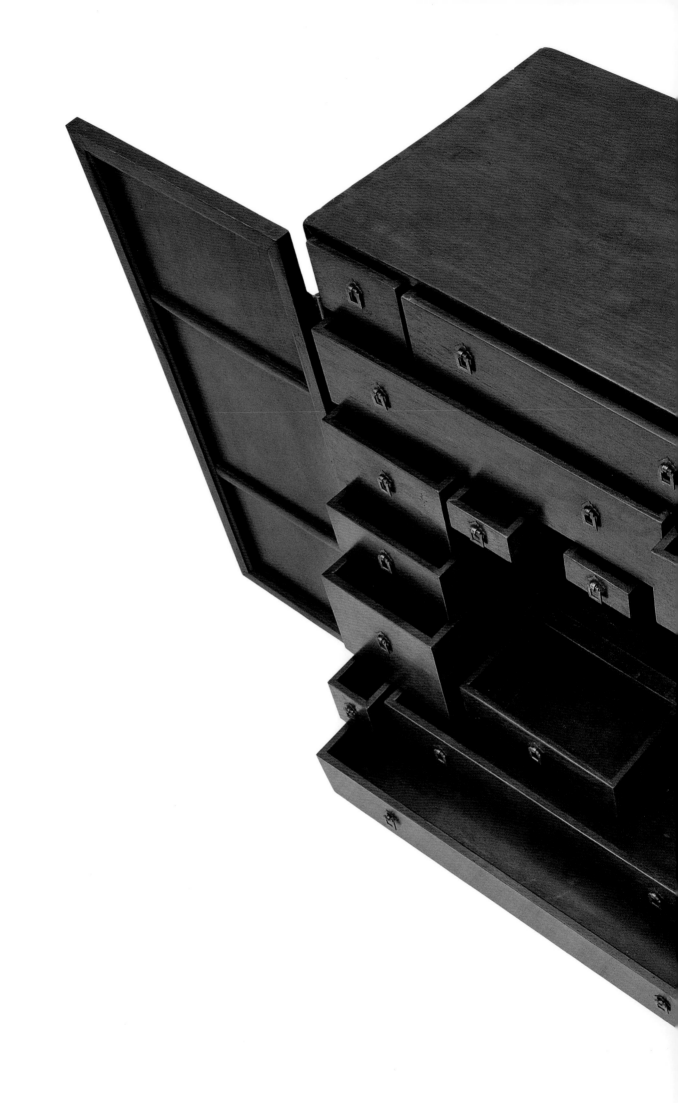

四、柜架

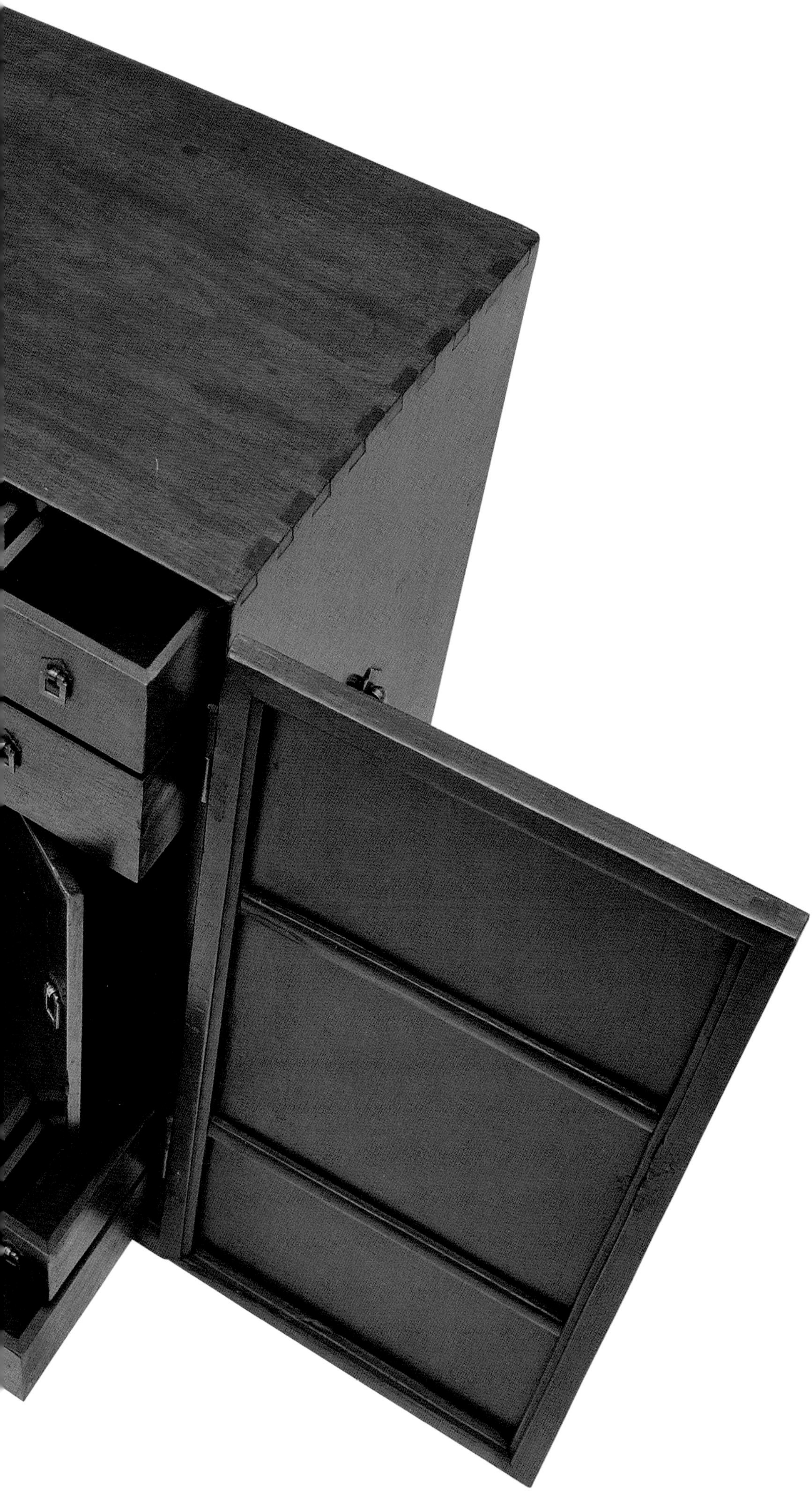

51

黄花梨小方角柜一对

清初　17 世纪中叶至 18 世纪初

长 45.5 厘米、深 35 厘米、高 57 厘米

此对小柜带方形柜帽，属方角柜形制。柜顶平直，攒框镶独板板心，可用来摆放器物。腿足用方材，稍带侧脚收分。柜门采硬挤门样式，不设闩杆。柜门对开，攒框镶一整块斗柏楠面板。底枨下装素身牙头及刀板牙条，结构坚固。柜内安抽屉两具和两块屉板，供摆放书籍与文玩。

这对柜子选材精细考究，通体以黄花梨制作，顶板、背板和侧板均为独板。柜门做工尤其精致，工匠将绚丽的斗柏楠面板，配以纹理细腻匀称的黄花梨木门框，展现出华美绮艳风韵。将不同木材嵌在一起，以制造装饰效果，也是明清家具的一个特色，尤其是斗柏楠有像葡萄般的美丽花纹。此对柜子不管是放在床榻旁边，还是置于炕上，也叫人感到别致可爱，加上一对成双，保存完好，殊为难得。

此对方角小柜曾载于安思远编著《洪氏所藏木器百图》卷二（Robert H. Ellsworth, *Chinese Furniture: One Hundred Examples from Mimi and Raymond Hung Collection*, Vol. II, 1996），页 126 — 127，其后于 2009 年香港的佳士得拍卖会上售出，见 Christie's Auction,（Hong Kong, 2009），页 134，Lot 1940。

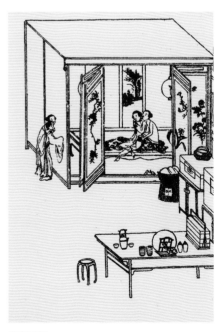

参考图版

小方角柜一对　明崇祯刻本《金瓶梅》插图

52

黄花梨行柜

清初　17 世纪中叶至 18 世纪初

长 64 厘米、深 35 厘米、高 74 厘米

此行柜柜身平直，不带侧角收分，犹如一小方角柜。侧板和背板均以一整块黄花梨板材做成。柜门采硬挤门样式，两门对开，中间不设闩杆。每扇门均攒框镶一整块黄花梨面板。两块面板纹理相近，应为一料所制。黄铜制成合叶、面叶和吊牌均呈长方形，与长方形柜身配合。柜下装有底座，既可避免柜内的物品受潮，又可令整体结构更为牢固。柜旁两侧安有铜环，以便搬动。

柜内设十五个大小不一的抽屉、一个带门小橱和一个方形格架。方架分明暗两格，前面的可用来摆放书册，后藏的暗格可用以收纳贵重物品或经卷，设计精巧细致。

大行柜较为少见，此柜除了柜内抽屉的底板外，全以黄花梨木制成，用材讲究，更为难得。

别例参考

美国明尼阿波利斯艺术学院（Minneapolis Institute of Arts）藏有一黄花梨行柜，外形相近。该行柜安有提梁，柜旁不设铜抽。柜内装上两块屉板，分为三层，做工有所不同。由于行柜体积不小，若载满书册，就算有提梁也不易搬运，所以提梁应是装饰构件，没有实际用途。工人应是用绳子把整个行柜套紧，然后搬动，见罗伯特·雅各布森、尼古拉斯·格林德利编著《明尼阿波利斯艺术学院藏中国古典家具》（Robert D. Jacobsen and Nicholas Grindley, *Classical Chinese Furniture in the Minneapolis Institute of Arts*, 1999），页 192 – 193。王世襄编著《明式家具珍赏》（1985）也收录一提盒式药箱，做工相似，见该书页 236。

参考图版

行柜　明万历刻本《列女传》插图

53

黄花梨顶箱立柜

清初　17世纪中叶至18世纪初

长101厘米、深40.5厘米、高251厘米

顶箱立柜是指在方角柜上再加上同等宽度的方形箱子，由于通常是一对摆放的，故又称为"四件柜"。这款家具没有固定的规格，高可达三至四米，置于厅堂之上；小的，则可放于炕上使用。

这组顶箱立柜，全身光素无饰，只是在立柱四边挖槽起线，风格简洁朴实，加上外形平直高耸，犹如"一封书"，属明式家具范式之作。柜门做工采硬挤门样式，两门对开，不设闩杆。每扇门以落膛做法，攒框镶一整块黄花梨面板。白铜制的合叶、面叶及吊牌均呈长方形，以配合立柜长方形设计。这些白铜配件表面已起沙眼，可见它们全属原件，而非后加之物。吊牌又带有别致的鱼尾状装饰，为整体设计增添变化。

柜帮和背板做工一样，同样落膛镶黄花梨条板，这样做法配合立柱的边线，令柜子线条更为立体。柜身不设柜膛，腿足间装素身牙头和直身牙条。柜内分为三层，中层屉板下装两个抽屉。顶箱做工和立柜相同，内里不装屉板。顶箱和立柜两者没有栽榫相连，可以分开搬动，而不用拆装，是明式家具常见做法。这柜用材讲究，背板、柜帮和顶板同以黄花梨厚料做成，四片门板更是纹理对称，为同一黄花梨木料所制，如此选材十分罕有，此柜实为难得一见之精品。

别例参考

古斯塔夫·艾克著《中国花梨家具图考》（Gustav Ecke, *Chinese Domestic Furniture*, 1986）录有一黄花梨四件柜，外形相近。该柜两门中间设门闩，不采硬挤门样式。柜门平镶黄花梨面板，腿足四面装素身牙头和直身牙条。门板和底枨之间装有柜膛，做工明显不同，见该书页125。台北历史博物馆编辑委员会编《风华再现：明清家具收藏展》（1999）另录有一对紫檀顶箱立柜。该对柜子门板浮雕八宝纹，正面牙条刻有拐子龙纹，带有浓厚的清式风格。形制上，它设有柜膛，和《中国花梨家具图考》所记的例子相近，见《风华再现：明清家具收藏展》页170-171。

参考图版

大柜　明天启刻本《警世通言》插图

收藏小记

　　白铜是中国发明的一种合金，以铜、镍及锌合成。因表面很像白银，故称"赛白银"（见柯惕思〔Curtis Evarts〕论文"Uniting Elegance and Utility: Metal Mounts on Chinese Furniture"，刊于 *Journal of the Classical Chinese Furniture Society*, Vol. 4, No. 3,〔Summer 1994〕，页 27 — 47）。早期的白铜因提炼不纯，产生不同程度气化，形成沙眼。入清以后，白铜多采德国白铜，便没有这个现象。这也是分辨原来头铜件的一个方法。

54

黄花梨嵌瘿木圆角柜

明末清初　16世纪末至18世纪初

宽74厘米、深44厘米、高114厘米

　　此柜带圆角柜帽，故属圆角柜形制。柜顶平直，边抹为冰盘沿。立柱用圆材，稍带侧角收分。两侧和后背攒框镶楠木条板。柜门中间设闩杆，两门对开，每扇门攒框镶一整块瘿木面板。门下不设柜膛，底枨下四边安素身牙头与刀板牙条。

　　将不同木材细意组合在一起，是明式家具常见的装饰手法。此柜门板选用带螺旋花纹的瘿木，门框则选用纹理匀称的黄花梨，两者一个瑰丽，一个素雅，拼合一起，收相辅相成、相得益彰之效。楠木侧板更带有金丝闪光。此外，柜内红漆仍然保存完好，足以证明这是一件原来头的家具，尤为难得。

别例参考

台北历史博物馆编辑委员会编《风华再现：明清家具收藏展》（1999）录有黄花梨嵌楠瘿木圆角柜，形制类近。该柜门框以黄花梨制成，面板则选用纹理华美的楠瘿木，见该书页162。安思远编著《明代与清初中国硬木家具图录》（Robert H. Ellsworth, *Chinese Furniture: Hardwood Examples of the Ming and Early Ching Dynasties*, 1997）也载有另一例子，见该书页138。

参考图版

圆角柜　明崇祯刊本《水浒传》插图

收藏小记

    底灰多用于柜的内部或桌椅底部，以填补空隙及作防潮之用。时间日久，底灰
多于夹角处裂开，如本家具模样。这正好证明底灰是原装，也可说明此柜的木板是原
来头的。

55

黄花梨圆角柜一对

明末清初　16世纪末至18世纪初
宽104厘米、深61厘米、高188厘米

此对柜子带柜帽，圆角柜顶木轴门，故为圆角柜。此外，由于柜门和闩杆均为长条状，所以又称为面条柜。柜顶下，立柱用圆材，稍带侧角收分。柜门中间设闩杆，加上门闩，便可把柜门锁上。闩杆本身也可拆装，以便放进大型物品。两门对开，每扇门以落膛形式，攒框镶大块黄花梨面板，板心纹理相近，是以一料开成。柜门下只有底枨，不安柜膛。底枨下四边装牙条，结构牢固坚稳。牙头的螭纹饰和前面禅榻（本书藏品2，页36）的灵芝纹牙头雕饰使素淡的牙条添了美妙变化。柜内分为三层，中层屉板下装有抽屉两具，增加储物空间。

这样大的柜子，本难于搬动。工匠于是采用活销，令两扇大门可装可卸，又别出心裁，做出拆装式背板。他以攒框镶板方式，做成两个长方框，然后以活榫，将它们合组成背板。工人只要掀走顶板，便可拆去背板，再移去两扇大门，就可轻松搬动柜子。工匠缜密的心思，精巧的手艺，于此展现无遗。

这对圆角柜，门板、侧板、背板、顶板等悉数以黄花梨制作，柜内的屉板、抽屉也不惜材料，同以黄花梨做成，用材这样讲究，在橱柜家具十分少见，弥足珍视。

一对成双超过1.8米的原来头大圆角柜本不多见，通体以黄花梨做成的，这为目前仅见例子。

别例参考

波士顿中国博物馆有一对紫檀木柜黄花梨板带柜膛圆角柜，可供参考。见南希·伯利纳编著《背倚华屏：16与17世纪中国家具》（Nancy Berliner, *Beyond the Screen: Chinese Furniture of the 16th and 17th Centuries*, 1996），页144-145。叶承耀著《楮檀室梦旅：攻玉山房藏明式黄花梨家具》（Yip Shing Yiu, *Dreams of Chu Tan Chamber and the Romance with Huanghuali Wood: The Dr S.Y. Yip Collection of Classic Chinese Furniture*, 1991），页120-123收录了一对1.6米高的圆角柜。安思远编著《洪氏所藏木器百图》卷一（Robert H. Ellsworth, *Chinese Furniture: One Hundred Examples from Mimi and Raymond Hung Collection*, Vol. I, 1996）也录有一对黄花梨圆角柜。该对柜子高1.77米，形制相近，只是柜后软木背板不可装拆，见该书页190-191。纳尔逊-阿特金斯艺术博物馆（The Nelson-Atkins Museum of Art）也藏有一对接近的例子。

参考图板

圆角柜一对　明末刻本《列国志》插图

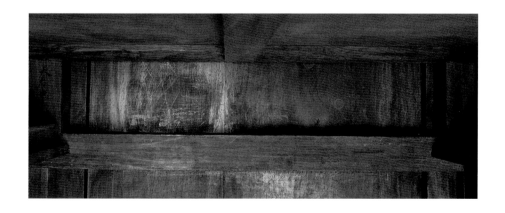

收藏小记

　　这对圆角柜虽为一对，但并非同日归入晏如居中。多年前，晏如居主人只藏有其中之一，及后得悉尚有另外一个存世，于是四出查访，最终在海外寻得（见Sotheby's Catalogue, *Arts d'Asia*, Paris: 15 December 2011, P.92 — 93, Lot 105），而流失海外的柜子，除了柜顶固定结构的突出榫卯被削去外，其他地方一模一样。两个柜子得以重归一堂。更为难得的是，这对柜子一个柜内有墨记"天"字，另一个有"地"字，可见本为一对，而不是用两个单做的柜子凑成。愿望达成，欣喜不已，个中因缘，聊以数字，记录于此。

黄花梨圆角柜

明末　16 世纪末至 17 世纪中叶

长 77 厘米、宽 42 厘米、高 114 厘米

　　圆角柜是指门轴设计上不用金属合叶，只以木门外边的直柱作轴，然后嵌入顶板及底板的臼窝中。柜身向上微收，成小梯形，柜面的重心会使柜门自动关闭。两门中可设有闩杆，防止柜门上锁后移动。

　　这个黄花梨圆角柜形制工整，见光处均以黄花梨制作。门板纹理成对，是以一整块大料剖开而成。最难得之处是整个柜子表面未作任何打磨修饰，保留原装皮壳，门板内仍然留有漆灰。门上铜件已见斑驳之色。门环为简单圆形，不带吊牌，位置比一般的稍低。整体上看，这个柜子设计比例和铜件的位置，均与上海潘允征墓出土的明代木制圆角柜十分接近，潘允征葬于明万历年间（约 1589），这样看来，此柜或为明朝遗物。

别例参考

王世襄编著《明式家具珍赏》（1985）录有一明黄花梨圆角柜，做工接近，但稍为矮小。见该书页 212。美国明尼阿波利斯艺术学院（Minneapolis Institute of Arts）藏有两个尺寸相近的圆角柜，见罗伯特·雅各布森、尼古拉斯·格林德利编著《明尼阿波利斯艺术学院藏中国古典家具》（Robert D. Jacobsen and Nicholas Grindley, *Classical Chinese Furniture in the Minneapolis Institute of Arts*, 1999），页 148–150，第 51 及 52 件。

引用图版

圆角柜　潘允征墓出土的明代家具模型。上海博物馆藏

（引自《上海博物馆集刊》第七期，上海书画出版社）

57
铁力木棂格围屏书架一对

明末清初　16世纪末至18世纪初

宽91.5厘米、深42厘米、高194厘米

书架，又称书阁，为书房常见家具。正面多不装门，四面穿透，只在每层屉板两侧和后端加上围屏，令书籍可整齐摆放。

这对书架通体以铁力木制作，分为三层，正面不设门，两侧和后端装有围屏。中层屉板下另装抽屉两具，既可令架身结构更加牢固，抽屉又可用来放置文房用具，增加使用空间。架身三边围屏以横材和竖材攒接成品字棂格样式，予人空灵疏朗之感。腿足间的阔身券口牙条，与围屏一实一虚，对比鲜明，使书架显得匀称有致。

此对书架最特别之处是每个部件，包括立柱、枨子、棂格用材都有打洼，手工精巧细致。大家或以为一些外形复杂的家具做工费时，事实上一些造型简练的家具可能更花工夫。这对书架的围屏以过百根短材做成，攒接工作已十分浩繁，再加上每根用材也要打洼，所耗之人力实在难以想像。

这对铁力木书架线条简练，典雅大方，通体光素无饰，加上做工精细，尽展古代工匠的非凡技艺，属明式家具之精品。

别例参考

王世襄编著《明式家具珍赏》（1985）录有一黄花梨品字栏杆架格，形制相近。该书架全用方材，分为三层，上层之下装抽屉两具。抽屉面板浮雕螭纹。底层下装阔身壶门状牙条。三面栏杆（围屏）则用横材和竖材攒接而成，最上层两道横材以双套环卡子花连接，见该书页200-201。

参考图版

书柜　明崇祯刻本《水浒传》插图

58

黄花梨书架

明末清初　16世纪末至18世纪初
宽87厘米、深42厘米、高175厘米

　　书斋是文人读书养志之处，也是他们为自己营造的悠游天地。明代高濂（1573 — 1620）《遵生八笺》称书架应摆放自己喜欢的书籍，可以是儒家经典、唐宋诗词、佛道要籍，也可以是医家专著和名家法帖。闲来无事，开卷自娱，以此养生，乐享逍遥。

　　此书架以黄花梨制作，全用圆材，外形模仿竹制家具，予人清空疏朗之感，与前面铁力木书架的沉稳厚实风格迥然不同。书架分为三层，正面不设门，两侧和后端装直棂围屏。中层屉板下另装抽屉两具，这样做工既可令架身结构牢固坚稳，抽屉又可用来放置公文画卷，增加储物空间。底层屉板下四边装窄身券口牙条，脚枨编排又采四面平布局，令腿足空间更见疏旷，配合此书架之整体风格。

别例参考

美国加州中国古典家具博物馆（Museum of Classical Chinese Furniture, California）曾藏有一黄花梨书架，外形类近。见王世襄、柯惕思合编《中国古典家具博物馆藏精品》（Wang Shixiang and Curtis Evarts, *Masterpieces from the Museum of Classical Chinese Furniture*, 1995），页 122 – 123。南希·伯利纳编著《背倚华屏：16与17世纪中国家具》（Nancy Berliner, *Beyond the Screen: Chinese Furniture of the 16th and 17th Centuries*, 1996）又录有一黄花梨直棂书架，形制相近，只是底层屉板下不装横枨，见该书页 146 – 147。

参考图版

书柜　明末刊本《古今小说》插图

59

紫檀神龛

清中叶　18世纪

长 27.5 厘米、宽 20 厘米、高 43 厘米

在文士眼中，神龛可以是一种装饰摆设，正如明代文震亨《长物志》说，在房间陈设一小橱，内里供奉鎏金小佛像，可以营造雅洁素净的情韵；不过，神龛主要用途还是安放先人灵位，以表达慎终追远之意。

此神龛通体以紫檀制作，外形类似不设柜门的圆角柜。龛顶带柜帽，两侧和后背攒框镶一整块紫檀面板。底板下小束腰与牙条以一木连造，四腿采鼓腿样式，足端削成内翻马蹄。神龛正面开敞，安上可拆装面框。面框上方牙条，中间透雕"寿"字纹，左右各透雕一龙，龙首相望，面框底部左右则镶螭纹角牙，做工精巧细致。

别例参考

叶承耀、伍嘉恩《禅椅琴凳：攻玉山房藏明式黄花梨家具》(Yip Shing Yiu, Wu Bruce Grace, *Chan Chair and Qin Bench: The Dr S.Y. Yip Collection of Classic Chinese Furniture II*, 1998）录有一黄花梨神龛，外形颇为相近。该神龛呈方形，正面开敞，镶壸门圈口。侧板开光，透雕"寿"字纹饰。底座雕成壸门状，正面刻有卷草纹，见该书页 135。

参考图版

神龛　清顺治刊本《续金瓶梅》插图

五、箱盒

60

黄花梨插门式药箱

清初　17世纪中叶至18世纪初

长35厘米、宽25厘米、高29厘米

药箱是古代医生出诊时携带的箱子，内有多个抽屉，用以放置药物和诊病用具。在形制上，它也泛指带有多个抽屉和无顶盖的小箱。

此黄花梨药箱采插门做工。插门以攒框镶板方式，嵌装一整块黄花梨面板。框身内侧沿边起线，形成方框，用作装饰。插门上端装铜扣锁，正中安吊牌。只要将插门下缘安入底板坑槽，再把上缘扣入顶板，然后推起锁舌，便可为插门上锁。如要移开插门，只要放下锁舌，拉动吊牌，便可将插门抽出，设计方便易用。箱内设有六个抽屉，用以摆放诊症用具和药品。提梁呈罗锅状，与箱盖以榫卯相接，构造简单实用。除放置诊症用具或药材，这类箱子也可用来存放首饰或细小物品。

这个药箱做工简洁，形制工整，而且选料上乘，箱身内外采用同一根树材，尽显黄花梨木之华美纹理。

别例参考

此箱曾载录于洪光明著《黄花梨家具之美》（1997），页14。台北历史博物馆编辑委员会编《风华再现：明清家具收藏展》（1999）录有一黄花梨插门式提盒，形制稍有不同。该提盒的插门以平镶方式，攒框镶一整块黄花梨面板。盒内设大小不同抽屉。提梁立柱安装在底座上，两侧有站牙抵夹，做工稍有分别，见该书页175。

参考图版

药箱　清光绪石印版《聊斋志异》插图

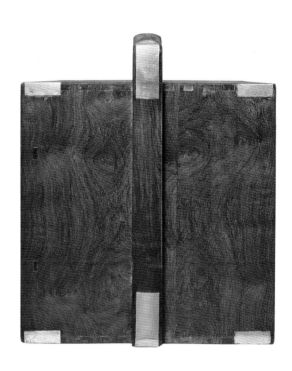

61

黄花梨带提梁对开门药箱

明末清初　16世纪末至18世纪初
长39厘米、深23.5厘米、高42厘米

药箱泛指有多个抽屉的小箱，有采插门做工的，也有用对开门做工的。它可用于放置诊症器具，也可用作案头摆设。明代冯梦龙（1574—1649）《醒世恒言·刘小官雌雄兄弟》便有太医骑驴出诊，家人背着药箱跟随的情节。

这药箱通体以黄花梨制作，外形像方角小柜。箱门对开，攒框镶一整块黄花梨面板。箱门两侧装白铜条形合叶，正中安白铜条形面叶和双鱼纹吊牌。箱内装七个大小不同抽屉，犹如小百子柜，用以盛载药品和诊病用具。此药箱独特之处是设有提梁，方便携带。提梁作架状，上部呈平直横梁作提手，两侧柱贴箱而立，直接底座，同时有葫芦状站牙抵夹，结构牢固。

此黄花梨药箱，用材讲究，顶板、侧板和背板均以独板做成。两片门板也是以一料剖开，纹理匀称，尽展黄花梨木优美动人之肌理。古代医师以济世为务，不求闻达，这药箱光素无饰，清雅自然，正好反映他们仁厚朴实的风范。

别例参考

台北历史博物馆编辑委员会编《风华再现：明清家具收藏展》（1999）录有一黄花梨提盒，形制颇为相近。该提盒正面装对开门，白铜面叶和合叶均呈方形。提梁上部做为马鞍形，下部则与底座相接，两侧有站牙抵夹，见该书页174。

62

黄花梨对开门药箱

明末清初 16 世纪末至 18 世纪初

长 24 厘米、宽 17.5 厘米、高 18 厘米

此小箱全身光素，通体以黄花梨制作，外形犹如"一封书"式方角柜。箱门对开，攒框镶一整块黄花梨面板。箱门两侧安长方形合叶，正中装圆形面叶和长方框状吊牌。箱内分为两部分。上部分设有十一个大小不一的抽屉，像一个小百子柜，除可放置药材，也可用来摆放小首饰或印章，下部分为一长形抽屉，可用以存放纸张文具。箱下底座以攒框镶板方式制作，四角裹有铜叶。

这黄花梨小箱做工细巧，选材讲究。顶板、侧板、背板均以独板制作，两片门板也是以一料对开而成，而且用材全都纹理动人，充分展现黄花梨木材质之美。此箱虽为小件，但做工繁复细致，可与本书收录的大行柜媲美，是小器大作又一例证。它应是置于文人案头，用以摆放文房用品。

别例参考

王世襄编著《明式家具珍赏》(1985)录有一黄花梨方角柜式药箱，做工类近。该箱两门对开，柜内装抽屉；只是该箱长 38 厘米、宽 27.5 厘米、高 46 厘米，尺寸较大，而且安有四足，腿足间装壶门牙条，形制稍有不同，见该书页 235。

参考图版

小箱 明天启刻本《惊世通言》插图

63

黄花梨轿箱

明末清初　16世纪末至18世纪初

长76厘米、宽17.5厘米、高10厘米

轿箱是古人乘轿出行所带的箱子，用来存放贵重物品或文件。它呈长方形，箱底两端向内凹入，故可卡在轿杠之间。这款箱子外形轻巧，在轿中，可横于身前，以供凭靠，下轿后，又可随身携带，不会遗漏于轿内，十分方便。轿箱的大小很少完全一样，多是依据所乘轿子的尺寸来制造。

此轿箱通体以黄花梨制作，呈长形，上长下短。箱顶平直，四角嵌装如意云纹铜饰件，美观雅致。箱身四角镶白铜面叶，整体结构牢固坚实。轿箱正面装圆形面叶和云头拍子，加上横闩，便可上锁。此箱子用材讲究，形制工整，做工精细，是难得一见之精品。

别例参考

文化部恭王府管理中心编《恭王府明清家具集萃》（2008）录有一黄花梨轿箱，尺寸大小十分相近。它长方形，箱身四角包上铜饰，箱子正面镶方形面叶，见该书页281。

古画参考

轿箱　清陈枚等《清明上河图》局部。清院本，乾隆元年（1736）

64

黄花梨枕形轿箱

明末清初　16 世纪末至 18 世纪初
长 47.5 厘米、宽 12.5 厘米、高 12.5 厘米

此轿箱和前一个形制相同，只是体积较为细小。它通体以黄花梨制作，箱身四角包上铜饰。轿箱正面装圆形面叶和云纹拍子，只要加上横闩，便可上锁。箱内两端各有一方形有盖小盒，用来摆放细小饰物，中间之储物空间可用来放置较大物品。

箱顶以一整块黄花梨厚板做成，但并非平直，而是呈马鞍形，外形独特。这样做工是希望在长途旅程上，可把这轿箱用作手枕或头枕，让人稍事安歇，考虑周详，叫人称赏。

别例参考

枕形设计的轿箱，这是首例。台北历史博物馆编辑委员会编《风华再现：明清家具收藏展》（1999）录有一黄花梨枕盒，做工也可参考。枕盒盒顶呈马鞍形，也是以一整块厚板做成，见该书页 178。

65

黄花梨官皮箱

明末 16世纪末至17世纪中叶

长34厘米、宽17厘米、高33.5厘米

官皮箱名字的由来，还待考证，由于名字中有"官"字，容易教人联想到与官府有关，有人甚至认为它是放置官印和公文的用具，只是从存世的官皮箱数目来看，它应属家居常用器具，不一定是官家之物。王世襄先生更清楚指出官皮箱即是妆奁或者镜箱。

此箱通体以黄花梨制作，光身素净，不带雕饰。箱盖平直，边角有铜叶包裹。箱盖掀起，内有一长形浅屉，可用来摆放项链、镯子等饰物。箱门对开，攒框镶一整块黄花梨面板，两扇门板纹理相近，匀称有致，应是用一料开成。箱内设五个抽屉，用以盛载梳妆用品。箱身两侧安铜制提环，方便搬动。箱下底座以攒框镶板方式制作，边沿做成壶门曲线，令箱子线条富于变化。

明式家具中，官皮箱虽是小件，但做工却一丝不苟。此箱箱盖、箱身及底座均装上多角形面叶或如意云纹拍子，门及抽屉安上原装海棠状吊环，流露精巧细致之感。由于每扇门上缘均有子口，只要将箱盖关好，扣上拍子，两扇门便不能打开，构思缜密仔细。

明代雕漆官皮箱，底座多呈壶门状，这个官皮箱选材讲究，形制工整，底座边沿又做为壶门状，在存世的官皮箱中较为少见，应为明代器物。

别例参考

王世襄编著《明式家具珍赏》(1985)录有一黄花梨官皮箱，外形做工颇为相近。该官皮箱全身光素，箱盖平直，盖内有一长形浅屉。箱身正面装对开门，两侧安铜环。箱内设抽屉五个，底座正面装壶门牙条，见该书页239。

参考图版

官皮箱 清康熙刊本《还魂记》插图

66

黄花梨燕尾榫小箱

明末清初　16 世纪末至 18 世纪初

长 39.5 厘米、宽 23 厘米、高 18 厘米

　　此黄花梨小箱通体光素，呈长方形。箱顶、底板和四边立面均以独板制成。箱盖和箱身边沿均做有子口和灯草线，令箱盖和箱身可以紧扣。箱身正面装有海棠形面叶和云纹拍子，拉下拍子，配合横闩，便可上锁。两边侧板安有铜环，方便搬动。明清插画中，士子远游，或上京赴考，随身行李，多有此类小箱，或用以放置财帛衣物，或用以摆放书籍卷册。这小箱立面板材均以燕尾榫接合，做工本已十分细致，工匠更不惜多耗工时和材料，把箱内外的四角做为圆角，手工更见考究，其面板流水状纹理十分动人。

别例参考

小箱实例甚多，王世襄编著《明式家具珍赏》（1985）录有一四角包铜叶黄花梨小箱，可供参考，见该书页 234。

参考图版

小箱　明崇祯刊本《占花魁》插图

收藏小记

　　明式家具藏者多以小件为其最早期的收藏品，箱盒因而最受欢迎。箱盒体积小，容易收藏、把玩，也是极为精美的陈设。此箱为晏如居收藏的第一件家具。至今，我仍喜爱它的箱盖板面。它的木纹，从不同角度观看，均有如流水，十分动人。二十年后到同一店铺，已找不到这样好的箱子。好的箱子，应尺寸比例合适，整体用同一木料制作，厚料，面板和见光面的纹理具天然美，加上原装铜饰件，才可构成一件工精材美的家具小品。

67

黄花梨抽屉小箱

明末清初　16世纪末至18世纪初
长30厘米、宽20厘米、高15厘米

此黄花梨小箱通体光素，顶板、底板和四边立面皆以独板做成。箱顶和箱身四边镶有铜叶。箱身正面安有长形面叶和长形拍子。拍子扣好，箱子便可锁上。两边侧板装有铜环。

这小箱分为两层，上层为储物空间，底层为长形抽屉。屉面装有吊牌，方便使用。上层底部有一小扣钉，可把抽屉扣紧。铜件表面已起沙眼，可知它们均为原装饰物。

这小箱用材讲究，小巧别致，做工精细，应为案头器物。在文士书斋内，箱子上层可放置印章、玉石、香药，下层抽屉可摆放笔墨信笺；在仕女闺阁中，上层可安放铜镜，抽屉可存放手镯、耳环等饰物。

带抽屉小箱在明代应不难见到，冯梦龙《警世通言·杜十娘怒沉百宝箱》便描述杜十娘把一盛满首饰的抽屉小箱沉于江中，只是在存世的箱匣中，这类箱子，却十分罕见。

参考图版

带抽屉小箱　明天启刊本《梅雪争奇》插图

68

黄花梨书画箱

明末清初　16世纪末至18世纪初

长64厘米、宽39厘米、高30厘米

匣、箱、橱均为储物器具，只是体积大小不同而已。三者中，橱最大，箱次之，最小者为匣。此黄花梨书画箱通体光素，顶板、底板和四边立面皆以独板做成。箱身四角镶有铜叶，箱顶四角包如意云纹铜饰件。箱身正面安有圆形面叶和云头拍子。拉下拍子，加上横闩，便可上锁。两边侧板装有铜环。

这箱不加雕饰，纯以材质优美取胜，每片用材均展现黄花梨木匀称细致的肌理特点，而且纹理相近，应是以一料开成，箱匣不是大器，但做工选材仍一丝不苟，殊为难得。

从明清版画来看，箱子尺寸不一，大者可盛载衣物细软，小者可用来存放书籍图册，明代高濂《遵生八笺·燕闲清赏笺》中"论剔红倭漆雕刻镶嵌器物"一节也将箱分为衣箱、文具替箱。美国明尼阿波利斯艺术学院（Minneapolis Institute of Arts）便录有一黄花梨衣箱，该箱长82.5厘米、宽58.8厘米、高40.4厘米，见罗伯特·雅各布森、尼古拉斯·格林德利编著《明尼阿波利斯艺术学院藏中国古典家具》（Robert D. Jacobsen and Nicholas Grindley, *Classical Chinese Furniture in the Minneapolis Institute of Arts*, 1999），页190－191。晏如居这个箱子外形较小，或供文士放置书册和画轴。

别例参考

庄贵仑编《明清家具集萃》（1998）录有一黄花梨小箱，做工相近，只是尺寸较小，见该书页116－117。

参考图版

箱　明万历刊本《玉簪记》插图

69

黄花梨提盒

明末清初　16世纪末至18世纪初

长34厘米、宽16厘米、高21厘米

提盒指分层和有提梁的长方形盒，主要用来摆放酒食，供郊游宴饮之用。明代高濂《遵生八笺・起居安乐笺》谓提盒轻巧方便，属游具之一。它"高总一尺八寸，长一尺二寸，入深一尺"（约56×37×31厘米），外形犹如小橱。底部设一小仓，用来装酒杯、酒壶、筋子（筷子）和劝杯。小仓上另有六个储存格，用以放置菜肴。

此提盒通体以黄花梨制作，呈长方形，共有两层层盒及一层盒盖。提梁呈罗锅状，以格角榫与立柱相接。立柱装于底座上，前后有透雕卷云状站牙抵夹。底座以攒框方式做成，以便嵌入底层层盒。上层层盒内另设有一薄身承盘，增加置物空间。提盒每个构件接合处均装有铜叶，结构牢固。此外，每个盒子的内角也做为圆角，手工一丝不苟。

提盒多作出游之用，层盒和盒盖必须紧接，故此，工匠在盒盖和层盒边沿做出子口，再加上线脚，令它们可紧扣相连。此外，他又在立柱和盒盖两侧开孔，以便插入铜条，将盒盖固定。由于底层层盒已嵌入底座内，层盒和盖子又有子口相扣，盒盖再以铜条锁紧，提盒各层就不会松脱。

这个提盒用材讲究，做工精细，是明式家具之精品。

别例参考

王世襄编著《明式家具珍赏》（1985）录有一黄花梨提盒，外形做工十分相近。提盒连同盒盖共三层，每层边沿都有灯草线，提梁呈长形，底座下设四小足，见该书页237。

参考图版

提盒　明崇祯刊本《拍案惊奇》插图

70

紫檀提盒

清初 17世纪中叶至18世纪初
长38厘米、宽20.5厘米、高25厘米

此提盒通体以紫檀制作，做工和黄花梨提盒基本相同。它呈长方形，包括盒盖和两个层盒。提梁呈罗锅状，与立柱接合。立柱安于底座上，前后有葫芦状站牙抵夹。底座以攒框方式制作，以便嵌入底层层盒。上层层盒内另设有一薄身承盘，藉此增加储物空间。盒盖和层盒边沿也同样做出子口和线脚，令它们可紧紧相扣。立柱和盒盖两侧同样开有小孔，以便插入铜条，令盒盖固定。此外，每个层盒的内角均打磨成圆角，做工细致。

在存世的明式家具中，提盒不难见到。这个提盒以紫檀制作，色泽赭红，通体光素，包浆莹润，金丝、牛毛和虎斑纹理清晰可辨，是其中难得之佳品。

别例参考

美国明尼阿波利斯艺术学院（Minneapolis Institute of Arts）录有一紫檀提盒，外形做工十分接近。该提盒分为三层，每层边沿都有灯草线，提梁呈罗锅状，提梁和立柱相交处以及底座四角均装有铜叶，见罗伯特·雅各布森、尼古拉斯·格林德利编著《明尼阿波利斯艺术学院藏中国古典家具 》（Robert D. Jacobsen and Nicholas Grindley, *Classical Chinese Furniture in the Minneapolis Institute of Arts*, 1999 ），页198 – 199。

参考图版

提盒 明崇祯刊本《西湖二集》插图

71

紫檀茶箱

清初　17 世纪中叶至 18 世纪初
长 20 厘米、宽 17 厘米、高 27.5 厘米

　　茶箱指盛载茶具的方箱，又称为"器局"，一般以竹编制。明代顾元
庆《茶谱》便指器局可用来摆放十六种茶具，分别是：古石鼎、竹笼帚、
杓、铜火斗、铜火筯、准茶秤、素竹扇、茶洗、竹架、磁瓦壶、劙果刀、
木碪墩、磁瓦瓯、竹茶匙、竹茶囊和拭抹布，可见古人对用茶十分讲究。

　　此茶箱小巧别致，以紫檀木精制而成，上宽下窄，呈斗状。箱身两侧
有鼎耳状支架，架身开孔，以便插入提手。提手以一木做成，两端雕有螭
纹图案。箱盖平直，两侧做有凹位。箱盖移开，内里是摆放茶壶的空间。
箱身外壁装两道铜箍，结构牢固；上端有一方形小孔，周边饰有铜叶；下
端浮雕团螭图案，手工圆熟精巧。

　　从外形做工来看，这箱子应属出游之物，用来盛载茶器。为便于携
带，箱盖必须紧闭，不可松脱，最简单的做法是将箱盖以铜扣锁紧，可
是工匠却舍易取难，先在箱盖两侧做出凹位，令它紧扣支架，再以提手压
紧，这样，箱盖就不会松开，构思精巧细密。

别例参考

叶承耀、伍嘉恩《燕几衍榻：攻玉山房藏中
国古典家具》（2007）录有一黄花梨茶桶，
外形十分相近。该茶桶正面有如意状开光，
内刻卷草龙纹。桶身开口部分同样镶有铜
叶，桶身却没有装上铜箍，见该书页 178 –
179。

参考图版
茶叙　明万历刊本《玉簪记》插图

黄花梨八仙人物长方形箱

清中叶　18 世纪

长 69 厘米、宽 19 厘米、高 19.5 厘米

别例参考

叶承耀、伍嘉恩《燕几衍榻：攻玉山房藏中国古典家具》（2007）录有一紫檀长方盒，可资参考。该盒雕有射手策马奔驰，向雀屏放箭的情景，寓意"雀屏中选"，故该盒也可能是嫁娶之物，见该书页 169 - 170。

　　这长方形箱通体以黄花梨制作，雕饰繁多，风格华美瑰丽。箱盖和箱身边沿浮雕回纹，箱身两侧浮雕石榴图案，而且装上铜制手环。盖顶中央嵌入镂铜厌胜钱，四角有如意云纹铜饰包裹，箱身正面装两片圆形面叶和如意纹拍子，手工纯熟细致。

　　此箱独特之处是箱盖和箱身看似是攒框镶板，分为四格，其实是以一整块板雕成分段攒接的样式，做工精巧别致。箱身最左一格浮雕蓝采和与铁拐李，第二格刻张果老和汉钟离，第三格是吕洞宾和韩湘子，最后一格则是曹国舅和何仙姑，仙人脚下皆有水波纹，合起来正好是一幅八仙过海图，刀法圆熟利落。箱盖四格则是光身素板，不带纹饰，令此箱免去雕饰繁缛之弊。

　　这个箱子选料讲究，雕饰华丽，应来自大户人家。箱上的饰件，尽是寓意吉祥。其中八仙过海，已是耳熟能详的吉祥喜庆图。而厌胜钱又写作压胜钱。古时迷信认为可以压伏邪魅。而石榴古已有"榴开百子"之说。据《北史·魏收传》记："宋氏荐二石榴于帝前。问诸人莫知其意，帝投之。收曰：'石榴房中多子，王新婚，妃母欲子孙众多。'帝大喜，诏收'卿还将来'，仍赐收美锦二疋。"据此可以确信此箱乃陪嫁之物。有雕刻的黄花梨长方形箱，甚为少见。

参考图版

长方形箱　明万历刊本《琵琶记》插图

六、香几及台屏

73

黄花梨四足香几

明末清初　16世纪末至18世纪初

直径49厘米、高93厘米

　　书室中香几之制有二：高者二尺八寸，几面或大理石、岐阳玛瑙等石，或以豆瓣楠镶心；或四入角，或方，或梅花，或葵花，或慈菇，或圆为式；或漆，或水磨诸木成造者，用以搁蒲石，或单玩美石，或置香橼盘，或置花尊以插多花，或单置一炉焚香，此高几也。若书案头所置小几……其式一板为面，长二尺，阔一尺二寸，高三寸余……持之甚轻。斋中用以陈香炉，匙瓶，香盒，或放一二卷册，或置清雅玩具，妙甚。

——明高濂《遵生八笺·燕闲清赏笺》

　　明人有于室内焚香的习惯，香几因用来摆放香炉，由是得名。上述高濂《遵生八笺》便清楚记有两种香几：一为高几约87厘米；一为小几，约62×37×9厘米。我们现在说"香几"多指高几而言。

　　香几外形千姿百态，常见的有圆形、方形、多角形、梅花形和慈菇形等。它可置于内室、书房或偏厅等雅静之处，几上或陈奇石，或摆盆景，或放香炉，以营造静谧祥和之感；它又可用于室外，几上放香鼎花瓶，配合仕女拜月祈福。道观寺庙也有借它来陈设法器、摆放供品。由于香几腿足较长，又时常搬动，极易损毁，故存世甚少。

　　此黄花梨香几属高几，呈圆形，几面为板心，冰盘沿。几面下设高束腰，腿足和牙条以插肩榫相接，做成鼓腿彭牙样式。壶门牙条浮雕卷草纹，雕工精细。腿为三弯腿，上端又削成展腿形态，做工别致，足作外翻云纹足。腿足下设龟足圆形托泥，构造坚稳牢固。

　　这香几婉柔清雅，在不同角度，也展现出本身修长的线条和优美的壶门轮廓，令人心醉。

别例参考

王世襄编著《明式家具珍赏》（1985）载有一三足圆形香几，外形相近。该香几几面为板心，冰盘沿。几面下有高束腰，腿为三弯腿，足刻卷叶纹。腿足下安有托泥，见该书页125。美国加州中国古典家具博物馆（The Museum of Classical Chinese Furniture），曾藏有三个五足香几及一个四足香几，设计及外形与本几十分接近。见韩蕙（Sarah Handler）论文"The Incense Stand and the Scholar's Mystical State"，刊于 *Journal of the Classical Chinese Furniture Society*, Vol. 1, No.1,（Winter 1990），页4-10。

参考图版

四足香几　明刊本《水浒传》插图

74

黄花梨镶蛇纹石长方形香几

明末清初　16世纪末至18世纪初

长57厘米、宽49厘米、高86厘米

别例参考

存世的明式嵌石面香几十分稀少。台北历史
博物馆编辑委员会编《风华再现：明清家具
收藏展》（1999）录有一个长方形镶蛇纹石
香几。香几的四足为三弯腿，下有托泥，做
工稍有不同，见该书页151。

这高身香几，呈长方形，全身光素，面心攒框镶一整块绿色蛇纹石，石面的山水纹理错落有致，优美动人。边抹做为冰盘沿，下设束腰。四腿用方材，足作内翻马蹄样式。腿间的罗锅枨采平行布局，结构坚固。

出于古人对奇石的钟爱，石面家具在明代十分流行。明代鲁荒王（朱檀，1370 — 1390）墓便有一张朱漆嵌土玛瑙长方桌（见山东博物馆《发掘朱檀墓纪实》，《文物》杂志，1972年第5期，页25 — 39）。明代曹昭《格古要论》、高濂《遵生八笺》和文震亨《长物志》也对面心石材有详细介绍。这香几所用的绿纹石，属水合硅酸镁（hydrated magnesium silicate），表面带蛇形纹理，故又称为蛇纹石。（见柯惕思〔Curtis Evarts〕论文 "Ornaments Stone Panels and Chinese Furniture"，刊于 *Journal of the Classical Chinese Furniture Society*, Vol. 4, No. 2,〔Spring 1994〕，页4 — 26）

在做工上，石面家具和板面家具明显不同。石面家具将石板四边削成上窄下宽的斜边，再把它嵌入边抹中，石面下则装上穿带或板材，以作承托。板面家具多以打槽装板的方式，在边抹开一道小坑，然后嵌入板材。这香几便将石材做成斜边，然后嵌入边抹，石面下再安两根穿带以作支撑，属典型的明式做工。

古画参考

方形香几　宋刘松年《唐五学士图》

75

黄花梨长形香几一对

清初　17 世纪中叶至 18 世纪初

长 38 厘米、宽 21 厘米、高 75.5 厘米

此对香几以黄花梨制作，呈长形，造型雅致，深具明式风韵。几面为黄花梨板心，边抹做为冰盘沿。几面下有小束腰，带直身牙条。腿足平直，罗锅状脚枨采平行布局，做工简练。这两张香几用材讲究，清朗俊逸，一对成双，保存完好，弥足珍视。

长方形香几，多放于墙边，或用以摆放香炉，或用以陈设奇石或花瓶。清代陈枚（约 1694—1745）《月曼清游图》细致描绘了闺阁女子的生活面貌，当中画有冬日时分，宫装仕女于和煦阳光下做女红的情景。画中仕女将两张长形香几左右放好，再在中间放上绣架，然后一针一线绣出夏日清荷图案。该双香几，形制与此对非常接近。（见郭学是、张子康编《中国历代仕女画集》〔1998〕，图 114）可见明式家具多是一物多用。

别例参考

朱家溍主编《明清家具（下）》（2002）录有一紫檀莲瓣纹香几。该几板心呈方形，冰盘沿，高束腰，直腿马蹄足，腿间上下各安直枨，见该书页 175。

参考图版

长形香几　明万历刊本《拜月亭》插图

古画参考

长形香几　清陈枚《月曼清游图》

76

紫檀镶瘿木五足圆形小香几

清初　17 世纪中叶至 18 世纪初

直径 20.5 厘米、高 19 厘米

在做工及设计上，这五足圆形香几和高身香几无异。边框五接，中镶桦木版心。几面下安鱼门洞高身束腰，圈口牙子与腿足以插肩榫相接。腿为三弯腿，足端上卷，流畅有力。腿足下装圆形托泥。这香几虽是小器，做工却一丝不苟，是小器大做的好例子。

小香几多放于桌案上，用以摆放香炉、陈设珍玩奇石或小花瓶，是文人案头常见之物。

别例参考

长方形小香几较常见到，圆形的较少。王世襄、柯惕思合编《中国古典家具博物馆藏精品》（Wang Shixiang and Curtis Evarts, *Masterpieces from the Museum of Classical Chinese Furniture*, 1995）收录了两个小香几，它们皆作条案状，见该书页 182–183。

参考图版

小香几　明万历刻本《南西厢记》插图

收藏小记

闲来很喜欢逛香港荷李活道的古董家具店，尤好在店内"寻宝"。这小几很轻，不像紫檀，和一些杂项置于不起眼的地方，但那漂亮的三弯腿却深深吸引着我。我一向认为好的家具，材质固然重要，精湛的手工也不可或缺。本以为可用较便宜的价钱买下，但精明的店东，用火酒拭抹，小几立即呈现深紫色，证实是紫檀木造的。这个精致的小几也回到它应有的价值。

77

黄花梨五屏风式镜台

明末 16世纪末至17世纪中叶

长53厘米、宽34厘米、高78厘米

明代董斯张（1587 — 1628）《广博物志》记有"吕望作梳匣，秦始皇作镜台"的传说，可见镜台很早已经出现。此镜台以黄花梨制作，台座上安五扇屏风。中扇最高，两侧渐低，并依次向前兜转。每扇屏风攒框镶透雕绦环板，分为四段。上段搭脑出头处，均圆雕龙首，中扇屏风搭脑中间更加设火珠。屏风上的绦环板透雕龙纹、石榴纹和蟠桃纹，中扇屏风正中一块却别出心裁，透雕一清俊文士站于鲤鱼背上，手执一株梅花，寓意"鲤跃龙门"和"一枝独秀"，构图鲜明，手工精巧细致。台面四周有望柱栏杆，望柱顶部圆雕莲花图案。栏杆镶透雕卷草龙纹绦环板。台面下设四具抽屉，腿间设壶门牙条。

镜台用于卧室，在上面放置铜镜，便可画眉添妆，整饬仪容，故在古人文字中，它多与夫妇闺中生活有关。《世说新语》记有温峤（288 — 329）以玉镜台下聘。明人解缙（1369 — 1415）以"宝镜台前结合欢"祝贺刘编修新婚美满。张若虚（约660 —约720）《春江花月夜》"谁家今夜扁舟子？何处相思明月楼？可怜楼上月徘徊，应照离人妆镜台"句，则以月照镜台表达游子远去，闺中思妇凄苦孤清之情。

此五屏风式镜台选材上乘，雕工独特，与一般龙凤纹饰的迥然不同，而且手工精巧别致，为存世珍品。

别例参考

朱家溍主编《明清家具（上）》（2002）中录有黄花梨五屏风式镜台，形制相近。该镜台设五扇屏风，中扇最高，每扇屏风搭脑均做成拱形，两端出头处圆雕龙首。屏风上的绦环板透雕龙纹、缠枝莲纹，但正中一块则透雕龙凤纹。台座装对开门，内设三具抽屉，见该书页251。王世襄编著《明式家具珍赏》（1985）载有另一五屏式镜台，见该书页244 - 245。美国明尼阿波利斯艺术学院（Minneapolis Institute of Arts）也录有一个满雕龙凤纹的五屏式镜台，见罗伯特·雅各布森、尼古拉斯·格林德利编著《明尼阿波利斯艺术学院藏中国古典家具》（Robert D. Jacobsen and Nicholas Grindley, *Classical Chinese Furniture in the Minneapolis Institute of Arts*, 1999），页179 - 180。此镜台出自香港敏求精社（见香港市政局艺术馆编《好古敏求》[1995]，页274）。

参考图版

镜台 明崇祯刊本《鲁班经》插图

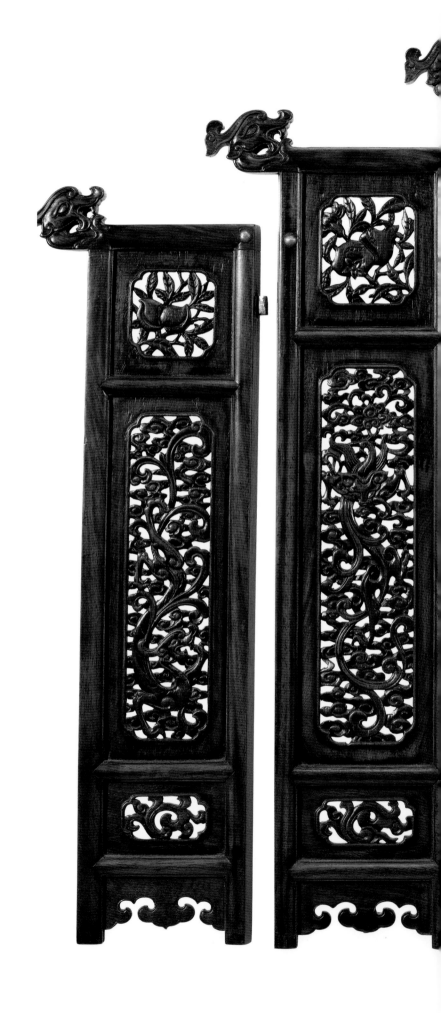

78

黄花梨折叠式镜架

明末清初　16 世纪末至 18 世纪初

长 43.5 厘米、宽 48 厘米、高 41 厘米

此折叠镜架由面板、支架和底座做成。面板以横材和直材攒接而成，分为四层十格。顶层边框做成罗锅状，两端出头处雕成龙首，底层中间的荷叶状托子，可上下移动，方便放置大小不同的铜镜。支架由直材和横材攒合制成，呈长形，用以支撑面板。底座以方框构成，正面横材雕成壶门状，背后横材两端做成委角，方便面板平放。面板和支架均可收进底座内，十分方便。

这个镜架以黄花梨制作，简练朴素，小巧雅致，叫人喜爱。

别例参考

明清两代的帖架，结构与此架相同，只是形制较小，不带托子。洪光明著《黄花梨家具之美》（1997）载有一黄花梨镜架，外形与此相近，见该书页 67－68。田家青编著《清代家具（修订本）》（2012）录有一折叠镜架，外形与此架相近。该架以红木制造，底部的荷叶托已经丢失，见该书页 128。

参考图版

镜架　明崇祯刊本《金瓶梅》插图

79

黄花梨火盆架

明末清初 16 世纪末至 18 世纪初

长 31.5 厘米、宽 31.5 厘米、高 16 厘米

清人吴乔（1611 — 1696）《围炉诗话》曾记康熙二十年（1681）冬天，在北京与朋友围炉共聚、烹茶论诗的情景："辛酉冬，萍梗都门，与东海诸英俊，围炉取暖，噉爆栗烹苦茶，笑言飙举，无复畛畦，其有及于吟咏之道，小史录之，时日既积，遂得六卷，命之曰《围炉诗话》。"天寒夜冷，良朋聚首，围炉取暖，煮酒烹茶，谈诗论文，实是人生快事。

古人以盆盛炭，生火取暖。承托火盆的木架，便是火盆架。此火盆架以黄花梨制作，呈方形，形制犹如一张小方凳，应为炕上之物。架面为板材，开有一圆洞，以便放入火盆。洞口围有软木，四边各有一凸起的铜泡钉，用以支撑火盆边缘，避免火盆和木架直接碰触，烧坏木架。边抹镶有铜条，架面四角包有如意铜饰，结构坚固。架面下的束腰与壶门牙条以一木连造。牙条左右各浮雕一螭，螭首相望，牙条线脚在牙条中间形成卷云纹，然后沿着牙条曲线向左右伸延，与腿足线脚相接。腿足下装有带龟足之托泥。此火盆架虽然矮小，但四腿仍制成三弯腿，足部又饰有云纹，线条优美，雕工圆熟，叫人称赏。

火盆架为常用器物，极易损耗，多以一般木材制作，此架用材讲究，做工精细，应为士绅商贾之物，加上保存完好，实在难得。

别例参考

台北历史博物馆编辑委员会编《风华再现：明清家具收藏展》（1999）录有两个火盆架，其中一个以黄花梨制作，呈方形，带小束腰，装壶门牙子，直腿内翻马蹄足。架面开一方洞，用以放入火盆。另一火盆架以黄花梨和紫檀做成，亦呈方形，带鱼门洞小束腰，三弯腿，装垂肚牙子。牙条中间雕有回纹，左右则各雕一螭，螭首对望。腿肩和腿足均饰有如意纹和回纹，见该书页 196 - 197。

王世襄、柯惕思合编《中国古典家具博物馆藏精品》（Wang Shixiang and Curtis Evarts, *Masterpieces from the Museum of Classical Chinese Furniture*, 1995）也载有三弯腿狮爪足火盆架，见该书页 184 - 185。

参考图版

火盆架 明万历刊本《幽闺记》插图

80

黄花梨衣架

明末　16 世纪末至 17 世纪中叶

长 133.5 厘米、宽 38.5 厘米、高 166.5 厘米

古代衣架用作搭放衣服，故不带钩子。它多置于室内，摆放在床榻两侧及背后，又可靠墙而立，以便使用。

此衣架通体以黄花梨制作。顶部横梁（搭脑）两端出头处圆雕如意卷云纹，手工精巧细致。中牌子以横材和直材攒接而成，分为三段。每段四边装直身牙条，做成带委角圈口。底架也由横材和直材接合成方格，可供摆放鞋履等物。衣架立柱装于两个抱鼓形墩子上，各有站牙抵夹，结构牢固。

这个衣架的特点是角牙和站牙造型别致，看似形态不一，其实是工匠将葫芦形的牙子按不同角度摆放，构思新颖独特。存世的衣架多雕饰繁复，中牌子的图案更是千姿百态，这个衣架朴素简洁，清雅疏朗，应为晚明之物，实在弥足珍贵。

别例参考

德国科隆东亚艺术博物馆（Museum für Ostasiatische Kunst Köln）也藏有一造型简练之衣架。该衣架以黄花梨制成，顶部横梁两端上翘，立柱之间仅以三根横材相接，不设中牌子，线条简约明快。站牙也呈葫芦状，和此衣架相类。该衣架最特别之处是底柱上装有六根直柱，用以套进靴子，做工独特，难得一见。见尼古拉斯·格林德利、弗洛里安·胡夫纳格尔编著《简洁之形：中国古典家具——沃克藏品》（Nicholas Grindley and Florian Hufnagel, *Pure Form: Classical Chinese Furniture, Vok Collection*, 2004），页 37–38。

王世襄编著《明式家具珍赏》（1985）录有一黄花梨凤纹衣架。中牌子由三块绦环板做成，板心两面透雕凤纹，手工精美，见该书页 246–247。文化部恭王府管理中心编《恭王府明清家具集萃》（2008）也载有一黄花梨草龙纹衣架，该架的中牌子以三段绦环板制成，板身两面透雕螭纹，见该书页 76–77。

参考图版

衣架　明崇祯刊本《金瓶梅》插图

81

黄花梨天平架

明末清初　16世纪末至18世纪初
长69厘米、宽24厘米、高90厘米

天平是用来量度物件重量的工具，又称为"秤"。为令其他人都清楚知道物品的重量，古人会把天平挂在架上，这个架子便是天平架。古代，天平一般用来称银两的重量。明代冯梦龙《醒世恒言·卖油郎独占花魁》便有卖油郎秦重，走到银铺，借天平称银两的情节。

此天平架通体以黄花梨制作，由天平架和基座两部分组成。天平架搭脑做成罗锅状，以格角榫与立柱相接。搭脑下再装罗锅状横梁。横梁底部中央穿孔，装金属挂钩，以悬挂天平，左右两端则安螭纹角牙。两根立柱安装在基座上，前后有透雕螭纹的站牙抵夹，结构牢固。

基座座面和背板均为独板，两侧做成抱鼓形墩子。座面下抽屉分为两层，上层为一整个抽屉，内分三格，用来放置秤盘和砝码；下层内各装一个有盖小格，用来摆放细小工具。抽屉安有货布状拉手，方便拉出，又装有面叶和拍子，只要扣上拍子，加上横闩，便可将抽屉上锁。明代王圻、王思义编集《三才图会·器用》所绘天平架，形制相近。该架搭脑中间凸起，两端出头，挂钩装在搭脑底部的正中处，基座则设有一个抽屉。

别例参考

王世襄、柯惕思合编《中国古典家具博物馆藏精品》（Wang Shixiang and Curtis Evarts, *Masterpieces from the Museum of Classical Chinese Furniture*, 1995）载录一黄花梨天平架，形制大体相同，面叶和拍子也和此架一致，只是该架枨子下不设角牙，见该书页186-187。也可参见王世襄编著、袁荃猷绘图《明式家具萃珍》（2005）页216-217。台北历史博物馆编辑委员会编《风华再现：明清家具收藏展》（1999）也录有一黄花梨天平架，外形十分类近。该架枨子两端不装角牙，站牙圆雕龙纹，抽屉面板和抱鼓形墩子外侧均浮雕龙纹，下层抽屉装有面叶和拍子，见该书页202。

参考图版

天平架　明崇祯刊本《金瓶梅》插图

82

黄花梨组合式天平架

明末清初　16 世纪末至 18 世纪初
长 26.5 厘米、宽 20.5 厘米、高 6.5 厘米

　　此组合式天平架，通体以黄花梨制作，所有组件均收藏在长方形盒内，构造别出心裁，叫人称奇。盒盖移开，可见盒内分为两个储物空间。窄长的一个用来摆放支柱、臂架和横梁，长方形的一个再细分为三个储物小室，用来摆放砝码和小盘，上面有以一整块板材制作的盖子。

　　组装步骤是先将支柱和架臂相接，做成柱杆，再在中间加上横梁，组成天平架，最后把天平架安放在盒上。由于立柱底部做有坑槽，功用犹如卯眼，可与盒内的隔架紧接，天平架也因此不会倾倒，古代巧匠之缜密心思，于此可见一斑。

　　此天平架小巧轻盈，收藏方便，应是古人出外行商所携之物。存世的天平架本已不多，组合式的更为少见，此架做工奇巧，处处显现匠心，而且经历数百年，犹能保存完好，实在弥足珍视。

参考图版

天平架　明崇祯刊本《拍案惊奇》插图

83

黄花梨镶蛇纹石座屏风

明末　16世纪中叶至17世纪初

长57厘米、深36厘米、高67.5厘米

屏风的出现，最早见于战国时代（公元前476 — 前221）（见韩蕙〔Sarah Handler〕论文"The Chinese Screen: Movable Walls to Divide, Enhance and Beautify"，刊于 *Journal of the Classical Chinese Furniture Society*, Vol. 3, No. 3,〔Summer 1993〕, 页4 — 31）。屏风用以处理空间，达到间隔、美化及优化的效果。早期的屏风多有繁复的雕刻。屏风可独立安在座上（座屏风），或以多块形式出现（围屏），是一种活动式间隔用的设计。屏风亦用以放在主人或宾客后面，以提高坐者地位。宋、明以降，小型的屏风多放置于桌案上，用以装饰，分割空间或用以挡风（枕屏及砚屏）。

此座屏风应放于桌案上使用。它和很多清式插屏不同，屏心与底座相连。屏风全以深褐色黄花梨木制成，上面还涂上黑漆。屏心与屏风的边框之间以鱼门洞绦环板装饰。鱼门洞以"炮仗筒"为主，但四角却以长方形加委角营造，而开洞处皆饰以立体线脚。横梁以挖烟袋锅榫与直柱相接。屏心下接起线券口牙子。抱鼓式座墩饰以秋菊纹。整体的设计和大型座屏风无异，与中国房子大门相似。屏心中间的绿纹石，表面带蛇形纹理，故又称蛇纹石。石面已风化，凸显年代形成之包浆。

别例参考

屏风多以龙形透雕作装饰。以鱼门洞为主的硬木屏风甚为罕见。波士顿美术博物馆（Museum of Fine Arts, Boston）以一大型座屏风作为其中国家具展图录的封面（南希·伯利纳编著《背倚华屏：16与17世纪中国家具》〔Nancy Berliner, *Beyond the Screen: Chinese Furniture of the 16th and 17th Centuries*, 1996〕，页90 — 91）。而罗伯特·雅各布森、尼古拉斯·格林德利编著《明尼阿波利斯艺术学院藏中国古典家具》（Robert D. Jacobsen and Nicholas Grindley, *Classical Chinese Furniture in the Minneapolis Institute of Arts*, 1999）亦录有巨型大理石黄花梨座屏风，见该书页152 - 153。此二座屏风均饰以雕龙。惟《明尼阿波利斯艺术学院藏中国古典家具》录有与本例十分相似的座屏风（页208 - 209），以鱼门洞边框镶绿纹石为屏心，亦用抱鼓式座墩。而牙角也与本例一样，简洁而不加浮雕，不可拆装屏心的座屏式相信是较早期明式设计。

参考图版

座屏风　明崇祯刊本《金瓶梅》插图三例，显示座屏不同的用处

收藏小记

　　因大型大理石、蛇纹石难开采、切割，故四边多凹凸不平。相接的木框槽也多
不是直线，以配合不整齐的石边。这细微处亦见于此例，也间接助证石屏心与边框为
原配，未作分离。

七、雅玩小件

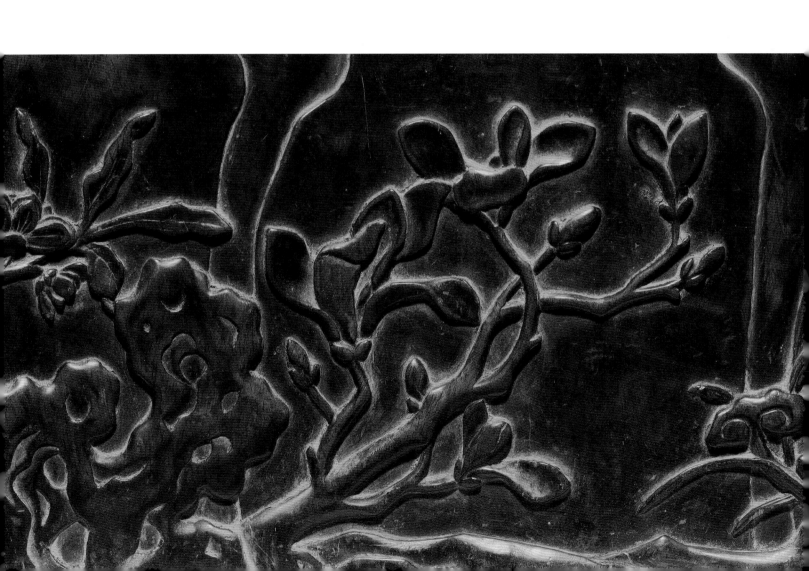

84

紫檀葵花形刻字地座笔筒

晚清　19 世纪中叶

直径 12.5 厘米、高 15 厘米

夫有高人之行者，固见非于世。有独知之虑者，必见敖于民。

——西汉司马迁撰《史记·商君列传》

以上文字，是描述战国时商鞅（约公元前 390 — 前 338 年）游说秦孝公（公元前 381 — 前 338 年）推行变法。内容说有高超能力的人，行事不能为世所容；有独特见解者，必遭非议。秦国当时在战国七雄中相对落后，秦孝公给商鞅这番说话打动了，决定采用法家思想治秦。结果秦国开始强大，传到秦始皇时，终消灭其他六国。

把这段文字大旨写成魏碑体，刻在这个六角形紫檀笔筒上。在做工上，这笔筒看似由六块板材做成，其实是以一整块紫檀木挖空而成。每个立面两端施以委角，筒口形成十分工整的葵花图案。筒身向下微收，略呈"V"形，然后与底座相接。底座下设三小足，造型独特精美。

更精彩的是这二十三个魏碑体字，笔势流畅、遒劲有力。雕工用深雕手法，下刀深浅如一，定是出于高人手笔。落款为"撝叔"，又刻有"赵"字钤印，和存世赵之谦（1829 — 1884）的款识无异。

赵之谦，清会稽（今浙江绍兴）人，初字益甫，号冷君。后改字撝叔，号悲庵、梅庵或无闷等。清着名画家、篆刻家及书法家。书法尤以法颜真卿最为出名，后又转向北碑，变为刚烈清晰，有"颜底魏面"之称。篆刻成就巨大，近代的吴昌硕、齐白石亦受其影响。

图 1　　　　　　　　　　图 2

参考图版

图 1 从北魏《嵩高灵庙碑》的"之礼不复行"可见行字或作"行"字。而图 2 刻于北朝东魏天平三年（536）的《魏王僧墓志》更有三个"行"字，如"闾里恋景行"

赵之谦印　传世赵之谦印章及本笔筒刻印

收藏小记

我十分喜爱这个笔筒的造型和温润的包浆，亦有感于这段富有哲理的文字。至于书法本身我是外行。近二十年，市场上出现了大批刻字、雕花的笔筒，这些刻工多属后加。这个笔筒所刻的魏碑体字形很大，全用深刻手法，而且下刀深浅如一，不像一般容易模仿的浅雕做工。其中的"行"字，写作"行"，非常奇怪。我把这笔筒的相片电传给收藏家及文学家董桥先生问意见，不十分钟，他传来书法大字典内收录的北魏河南嵩高灵庙碑帖（北魏太安二年〔456〕），佐证魏碑体行字或写作"行"。赵之谦应该有这碑帖。我购买时，心内就十分踏实。

又向熟悉书法的友人求教，得悉赵之谦曾遍观北碑，着有《补寰宇访碑录》和《六朝别字记》。所以㧑叔之书，以北碑取势，浑厚劲健，同时也有将六朝别字入书。如笔筒上的"行"字，可从《魏王僧墓志》见之（参见秦公辑《碑别字新编》〔1985〕，页30）。

夫有高人

之行者必

見非于近

85

黄花梨刻花石纹笔筒

明末　16世纪末至17世纪中叶

宽14厘米、高16厘米

　　此黄花梨笔筒以一料剜挖而成，直柱形、略作侈口、带束腰，线条顺滑流丽。筒身浮雕湖石、奇花、长草，构图简洁，生意盎然，非精于画道者，不能为之。笔筒素为文士案头清玩，用材十分讲究，明人文震亨便指上佳的笔筒应以湘妃竹、棕榈制成，毛竹镶有古铜的则为雅，以紫檀、乌木、花榈制成也可以。此笔筒选料上乘，包浆莹润，加上刻工遒劲有力，实为当中妙品。

参考图版

笔筒　明崇祯刊本《络冰丝》插图

86

黄花梨刻竹笔筒

清　17 世纪中叶至 18 世纪初

直径 17.5 厘米、高 17 厘米

　　此笔筒选材讲究，以一整块黄花梨木料剜空而成，不安底足。筒身一面以平刻手法，勾勒丛竹迎风摇曳之景，展露清幽恬静之趣；另一面则刻上雪樵题《书黄山谷墨竹赋卷》：

　　"后之论者，往往以苏（轼）、黄（庭坚）并称。夫文忠（苏轼）之书体，老而有致，固一世之豪，而轻迅流利，则文节（黄庭坚）更有佳境。盖古人学书，皆有所本，然能各运杼柚，自成一家，若鲁直（黄庭坚）、子瞻（苏轼）二先生，其先皆师，无不极妙，是则胸中学力之所贯，不可专以书法限之也。"

　　查雪樵者，或为清初周颢（1685 — 1773）。周氏以书画、竹刻名于雍正、乾隆年间。王昶（1724 — 1806）《〔嘉庆〕直隶大仓州志》记："周颢，字晋瞻，美须髯，人皆呼为周髯。善山水，亦工墨竹。嘉定竹玩创于前明朱氏，（周）颢又别出新意，山水竹石俱得元人画意，一经雕镂，倍遒秀可喜。"

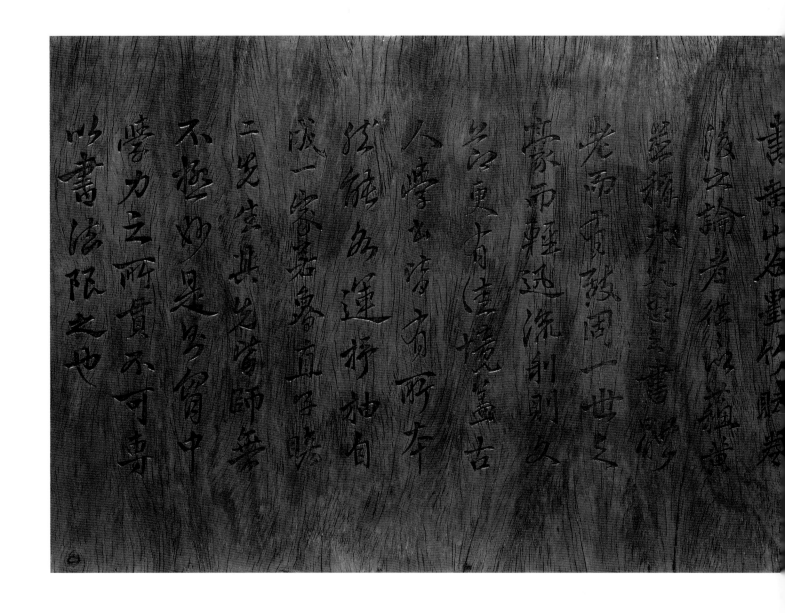

收藏小记

    像这样有名家雕刻的老黄花梨笔筒是罕见的文房清玩，很快便被买去。我虽然要求古董商把这笔筒留下给我，但它还是不经意地给我的好友香港着名收藏家陈永杰先生买去。陈先生用放大镜看过筒上的文字，认为是原刻。陈先生很慷慨，把它让回给我。可见收藏家十分大方，乐于玉成他人之好。最近雅叙，以笔筒给好友何孟澈医生看，他是文玩收藏家，又工书画。他一看便指出该画的布局及画法，是临摹元柯九思（1290 — 1343）的《晚香高节图》。藏品能得到不同角度的印证，是收藏者的一大乐趣。

87

黄花梨三足有底座笔筒

明末清初　16 世纪末至 18 世纪初

直径 15 厘米、高 16.5 厘米

　　此笔筒由筒身和底座组合而成，造型精巧别致，是难得的案头清玩。筒口边缘稍向外翻，筒身带小束腰，底座下设三小足，属明式笔筒典型做工。筒身包浆温润，莹亮如拭。这笔筒最动人之处是纹理错落有致，细腻动人，恍如以皴法勾勒出群山逶迤之景致，尽显黄花梨木肌理之美。

别例参考

上海宝山朱守城墓出土的万历年间（1573 – 1620）紫檀笔筒（高 20 厘米，筒口阔 15.7 厘米）已有分开的底座，足见此种设计在明中叶已流行，见柯惕思著《两依藏玩闲谈》（Curtis Evarts, *A Leisurely Pursuit: Splendid Hardwood Antiquities from the Liang Yi Collection*, 2000），页 38。

参考图版

带地座笔筒　明万历刊本《琵琶记》插图

88

瘿木画斗

明末清初　16世纪中叶至18世纪初

直径34厘米、高27.5厘米

瘿木有美丽的螺旋花纹，是明式家具常见的装饰材料，多用来镶嵌柜门门板或桌案面板，使家具显得绚丽多姿。晏如居藏有一黄花梨圆角柜，柜门门板便以瘿木嵌装而成。

此瘿木画斗外形硕大，是以一整块木料剜挖而成，斗口稍向外撇，不设底足，线条圆滑流畅。斗身的螺旋纹理繁密细致，瑰丽华美，尽展瘿木材质特色。据明代曹昭《格古要论》记，瘿木"出辽东、山西。树之瘿有桦树瘿，花细可爱"，由此看来，这画斗或是以桦树瘿制成。

别例参考

美国明尼阿波利斯艺术学院（Minneapolis Institute of Arts）录有一瘿木笔筒，外形相近，只是尺寸较小。它也是以一整段瘿木做成，呈直柱状，筒身螺旋纹理同样绚丽多姿，见罗伯特·雅各布森、尼古拉斯·格林德利编著《明尼阿波利斯艺术学院藏中国古典家具》（Robert D. Jacobsen and Nicholas Grindley, *Classical Chinese Furniture in the Minneapolis Institute of Arts*, 1999），页238–239。

参考图版

画斗　明崇祯刊本《郁轮袍传奇》插图

89

紫檀树根状笔筒

清初　17 世纪中叶至 18 世纪初
直径 14 厘米、高 15 厘米

笔筒可用来摆放毛笔、如意、尘拂，属文房雅玩，是文士案头常见之物。明代高濂《遵生八笺·起居安乐笺·居室安处条》的"高子书斋说"一节便称书斋中应有一长桌，桌上放置"古砚一、旧古铜水注一、旧窑笔格一、斑竹笔筒一、旧窑笔洗一……"等文房用品；文震亨《长物志》又指出笔筒以"湘竹、栟榈者佳，毛竹以古铜镶者为雅，紫檀、乌木、花梨木亦间可用……"，足见古人对笔筒的重视。

此笔筒看似用诘屈的树根制作，其实是以一整块紫檀木料雕镂而成，刀工圆熟精到。筒身瘤结更是错落有致，宛如天成，展现天然拙朴之趣。将硬木笔筒雕成竹或树根形态，在明式笔筒十分常见，这笔筒选材讲究，造型别致，应为文人案头清玩。

别例参考

美国明尼阿波利斯艺术学院（Minneapolis Institute of Arts）录有一黄花梨树根状笔筒，做工相近，见罗伯特·雅各布森、尼古拉斯·格林德利编著《明尼阿波利斯艺术学院藏中国古典家具》（Robert D. Jacobsen and Nicholas Grindley, *Classical Chinese Furniture in the Minneapolis Institute of Arts*, 1999），页 230–231。此笔筒原为香港收藏家、文学家董桥先生收藏。

参考图版

树根状笔筒　清道光十二年刊本《镜花缘》插图

90

紫檀帽筒

清初　17 世纪中叶至 18 世纪初
直径 13.5 厘米、高 20 厘米

帽架和帽筒都是用来摆放帽子的器物。古代官员退朝回府或从官署返家，须更衣脱帽，由于帽子有帽翅或花翎，故要用特别的托架摆放。帽架和帽筒也因此成为官员家居必备之物。

此帽筒以紫檀精制，筒身圆直，不带束腰，色泽沉厚，素净无饰。由于它甚为厚重，除摆放帽子外，也可用以放置如意或其他重物。外形上，笔筒、帽筒和画筒十分相近，分别只在于筒身高度。一般来说，三者中，画筒最高，帽筒次之，笔筒最矮。存世的帽筒除木制外，也有瓷制的。瓷制帽筒形制类似，筒身多呈圆形或六角形，上端或穿透开光。

清人李兆洛（1769 — 1841）《帽筒铭》称赞帽筒"头容之直骨所植，庄诚劲正思比德，崔巍切云惟女（汝）克。冠圆象天知天时，寒暑一节能者谁，虽在闲处宜得师"，认为帽筒令帽子挺直，使人仪容端正；它本身直立笔挺，有庄诚劲正之德；它虽然身形高耸，仿佛与云天相接，不过，最后也为人所用，以之摆放帽子。帽筒挂上圆帽后，形态犹如天穹，展现顺天应时之理；它又不受寒暑所侵，故虽是小物，却有叫人师法之处。

实物参考

竹帽筒　清晚期（19 世纪末）

91

黄花梨围棋盒一对

明末清初　16 世纪末至 18 世纪初
宽 13 厘米、高 8.5 厘米

　　中国古代围棋棋子分黑子和白子，白子 181 颗，黑子 180 颗，一般放在小罐内，这个小罐便是棋盒，或称为棋罐。这两个棋盒都是以一整块黄花梨木料剜挖而成，盒身扁圆，开口呈圆形。盒盖同样呈圆形，外围凸起，中间凹下，边缘稍稍翘起，做工精巧细致。此对盒子用材讲究，色泽赭红，包浆莹润，纹理匀称有致，展现出黄花梨动人之美。宋代周文矩（约 907 — 975）《重屏会棋图》绘画南唐国主李璟（916 — 961）观看其弟对弈的情景。画中绘有两个圆形棋盒，外形像小圆罐，高身、有盖，形制与此对棋盒稍有不同。古人对棋盒用材也很讲究，明人高濂在《遵生八笺·起居安乐笺·溪山逸游条》中便指藤制棋罐坚固耐用，不怕碰撞，是郊游妙品。这对棋盒线条顺滑流畅，外形犹如一对成熟饱满的柿子，拿在手中把玩，叫人爱不释手。棋子材料繁多。此棋盒棋子为石（黑子）及贝壳（白子）所制，贝壳棋子放于灯光下，通透见纹理，十分漂亮。

别例参考

美国明尼阿波尼斯艺术学院（Minneapolis Institute of Arts）藏有一对黄花梨围棋盒，外形稍有不同。该对盒子呈瓜棱状，盒盖微拱，中间刻有八角形纹饰，见罗伯特·雅各布森、尼古拉斯·格林德利编著《明尼阿波利斯艺术学院藏中国古典家具》（Robert D. Jacobsen and Nicholas Grindley, *Classical Chinese Furniture in the Minneapolis Institute of Arts*, 1999），页 216 – 217。王世襄、柯惕思合编《中国古典家具博物馆藏精品》（Wang Shixiang and Curtis Evarts, *Masterpieces from the Museum of Classical Chinese Furniture*, 1995）也载有一对黄花梨棋盒，见该书页 192 – 193；亦可参见王世襄编著、袁荃猷绘图《明式家具萃珍》（2005），页 256 – 257。

收藏小记

　　围棋盒容易被分开，找一个容易，找一对困难，有原装盒盖者更为罕见。古董商店尽管有近百个棋盒，但很多时候也无法凑成一对。要辨别两个棋盒是否一对，我们除了要细察它们的外形大小和纹理外，还要留意开口处内侧的厚度是否一致。现在围棋盒相对难找，就算是单独一个也受收藏家青睐。

参考图版

围棋盒　明万历刊本《玉簪记》插图

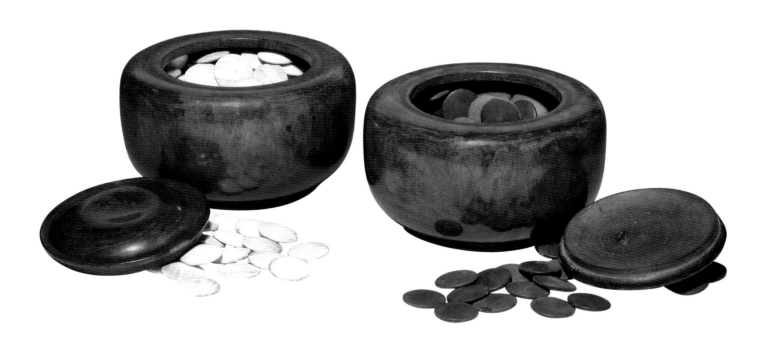

92

黄花梨折叠式棋盘

明末清初　16世纪末至18世纪初

长39.5厘米、宽18.5厘米、高6厘米（折叠后）

长39.5厘米、宽37.5厘米、高2厘米（打开后）

　　棋盘，名称众多，可叫做"枰"、"棋枰"或"楸枰"，其中以"木野狐"的名字最为别致。此名字的由来是古人喜欢弈棋，往往沉溺其间而不能自拔，故有人便称棋盘为木野狐，指它犹如木制狐狸，能迷惑人心，叫人无法自控。

　　此棋盘以黄花梨制作，正面是围棋棋盘，反面是象棋棋盘，四周安上边框，框身上下打洼。棋盘格线以嵌银手法做成，手工细致。这棋盘最独特之处是做工精巧，令人赞叹。折叠棋盘的做法一般是将棋盘分成两半，然后加上页铰，使它可左右折叠。此工匠却另辟蹊径，先将棋盘分成左右两半，再把象棋棋盘中间河路部分另外以窄身直材制成，最后将三者以活铰相接。棋盘折叠后，外形犹如小书匣。文人相聚，手谈为常见活动，这棋盘造型别致，轻巧方便，想是文士出游所携之物。

别例参考

美国明尼阿波利斯艺术学院（Minneapolis Institute of Arts）藏有一黄花梨象棋棋盘，外形做工与此十分相近，棋盘的河路部分以窄身直材做成，再用活铰与左右两边棋盘相接。折叠后，棋盘外形与小书匣无异，见罗伯特·雅各布森、尼古拉斯·格林德利编著《明尼阿波利斯艺术学院藏中国古典家具》（Robert D. Jacobsen and Nicholas Grindley, *Classical Chinese Furniture in the Minneapolis Institute of Arts*, 1999），页214–215。

古画参考

折叠式棋盘　宋刘松年《西园雅集》

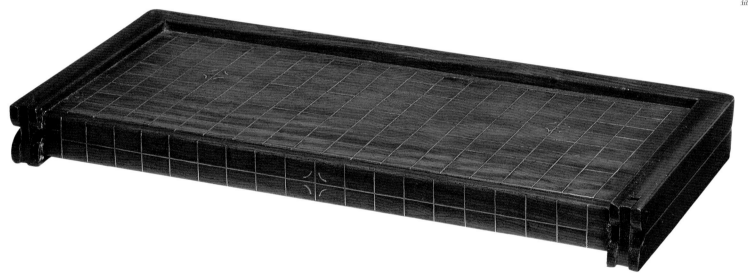

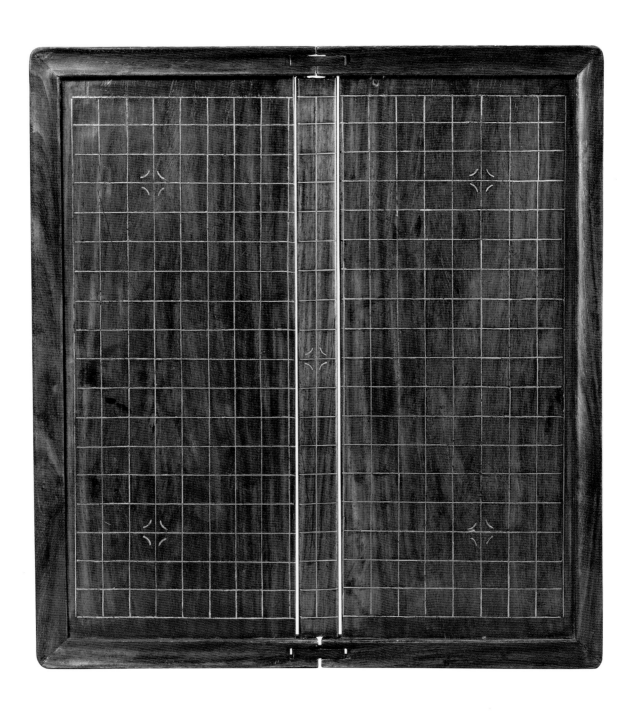

93

黄花梨线轮

清中叶　18 世纪

长 43 厘米、直径 17 厘米

　　线轮用来控制风筝飞行距离，是放风筝必备工具，在古代，可称为"丝轮"或者"籰子"。此线轮以黄花梨制作，由轮子和手柄两部分组成。轮子的顶部和底部各以三根横木交叉相叠做成，中间装六根铁力圆形直材。手柄则以一整根黄花梨圆材制作，柄身刻有坑纹。线轮和手柄以铜轴相接，构造简单实用。线轮不属贵重器物，多以竹或柴木制成，黄花梨线轮十分少见，由此看来，它或为官绅大贾之物。

　　风筝在中国很早已经出现，到宋代，放风筝更发展成为游戏比赛。南宋周密（1232 — 1298）《武林旧事》记载临安城有斗风筝游戏，比的不是谁的放得高或放得远，而是要求比赛者互相绞线，以绞断对方丝线者为胜。此外，古人也有放风筝，放晦气的习俗。《红楼梦》第七十回记紫鹃弄断丝线，令风筝飞走，就是希望林黛玉的晦气可随之飘逝。

参考图版

线轮　清顺治刊本《风筝记》插图

94

黄花梨拍板

清初　17世纪中叶至18世纪初
长27厘米、宽6.5厘米

　　拍板，简称"板"，是古代常用乐器。相传唐玄宗（715－756）在位时，梨园乐工黄幡绰擅长以拍板演奏，故它又称为"绰板"。存世的拍板多用紫檀、黄花梨、红木或荔枝木制成。由于表演方法不同，板片数量也不一致，通常是五块或六块，最多是九块，最少是三块。

　　这黄花梨拍板由三块板片组成。面板开光，做成三个窗口，窗内以铲地浮雕手法，分别刻有麒麟、团凤和仙鹤；底板做工类近，依次浮雕麋鹿、灵鹤和凤凰。这些图案寄寓吉祥（麒麟、凤凰）、长寿（仙鹤、古松）和官禄（麋鹿）之意。中间一块则光身素净。此拍板用材讲究，雕工精巧圆熟，包浆温润，叫人喜爱。开光黄花梨拍板十分罕见，这也是目前仅见例子。

　　拍板除了是乐器外，在民间八仙信仰中，也是曹国舅的神通法器，和吕洞宾的双剑、汉钟离的芭蕉扇、何仙姑的莲花、张果老的渔鼓、铁拐李的葫芦、韩湘子的洞箫、蓝采和的花篮合组成暗八仙图案。清光绪二年（1877）小瀛洲刊本《新刊八仙出处东游记》便有曹国舅手执拍板的造像。八仙代表喜庆、祝福及长寿，多用于贺礼上。这特别构造的拍板，可能为大户人家之物或作为贺礼之用。

参考图版

拍板　明万历刊本《全德记》插图

95

黄花梨梁上三珠二十五档算盘

清干隆 18世纪中至18世纪末

长 73.5 厘米、宽 21.5 厘米、高 3 厘米

珠算盘为我国发明之运算工具，其出现年代不应晚于宋朝（12世纪）。与外国珠算盘有别，中国算盘以横梁分成上仓和下仓，而梁上一般有两颗算珠，每颗代表梁下五珠，是用于十进制的设计。随着经济发展，算盘计算位可达 9，11，13，15 及 17 奇数档。明代数学家及珠算鼻祖柯尚迁（1500 — 1582）在《数学通轨》中，定立了梁上二珠、梁下五珠，共十三档的算盘范式，成为现今算盘的蓝本。

这罕见的算盘以黄花梨制作，框面打洼，算珠为黄杨木。右边装有手挽以便携带及挂起。它独特之处有二：尺寸是目前见到的黄花梨算盘中最大的，档数也是最多的，共二十五档。分隔上仓和下仓的横梁用铜嵌字，标出算位，由右至左依次为"钱，两，舱（斤），拾，担（担），拾，百，千，万，尘，沙（秒），金（纤），微（微），忽，系（丝），毫（毫），丕（厘），分，钱，两，拾，百，千，万，亿"二十五字，可见此算盘应为大钱庄或皇家仓库的工具。另一特点是梁上为三珠。横梁上每珠代表五，这算盘可以十六进制运算，切合中国的十六两为一斤的进位。此外，梁上算珠以一当五，连同下梁五颗算珠，数值合起来是二十，能满足归除及留头乘数需要。算盘密底，底板为铁力木制，框底内设有坑轨，可以抽出底板。板面写有红漆"乾隆"两字，应为此算盘制作年代。

梁上三珠，梁下五珠的算盘称为"天三"算盘，最早见于清代潘逢禧《算学发蒙》。日本学者远藤佐佐喜（Endo Sasaki）的论文《算盘来历考补遗》（庆应大学三田史学会发行《史学》，第十五卷第二期，昭和十一年〔1936〕七月）亦记载山形县山寺伊泽氏藏有一梁上三珠算盘。日本将领最上义光（Mogami Yoshiaki）于 1592 年攻入朝鲜，获梁上三珠算盘，与伊泽氏藏品相似。当时朝鲜为明朝的藩属国，此类算盘可能是由明朝传出。

别例参考

黄花梨二十档以上算盘很少见到。安思远编著《洪氏所藏木器百图》卷二（Robert H. Ellsworth, *Chinese Furniture: One Hundred Examples from Mimi and Raymond Hung Collection*, Vol. II, 1996）载有两个二十三档算盘，一为黄花梨乌木珠（长 66 厘米），一为紫檀黄杨木珠（长 67.7 厘米），长度均较本例为短，见该书页 158 - 159，藏品 81 - 82。欧有志的文章（见《吴航乡情》网络版：www.clxqb.cn/ReadNews.asp?NewsID=17792）记录刘文平捐赠清代花梨木制天三二十七档梁上三珠算盘与柯尚迁纪念馆。该算盘长 78 厘米，也以铜嵌字"亿万千百拾两……石"，框上楷体墨书"仁和堂"三字，亦助证天三算盘的存在。

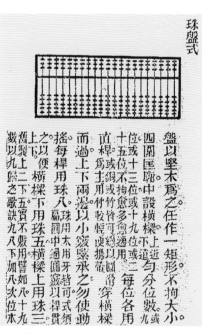

参考图版

算盘 日本远藤佐佐喜《算盘来历考补遗》插图

黄花梨梁上三珠二十五档算盘

图1 中国古典家具博物馆内景：四出头官帽椅一对、亮格柜一对、灯台

（何孟澈摄于 1994 年 12 月 28 日）

图2 中国古典家具博物馆内景：六柱架子床、炕几、脚踏、衣箱及面盘架两个

（何孟澈摄于 1994 年 12 月 28 日）

跋 语

何孟澈

　　刘柱柏教授，悬壶济世之余，雅好明式家具，廿余年间，斐然盈屋，近日辑成晏如居藏品图册，嘱为撰写跋语。册中家具，缕析甚详，余毋庸赘言，然于探求之乐，或可略作补充，以飨同好。

　　藏品 2，无束腰禅榻，与美国加州前中国古典家具博物馆（Museum of Classical Chinese Furniture）旧藏一具相仿。中国古典家具博物馆于 1990 年初创设，其后成立中国古典家具学会，致力明式家具收藏与研究，1990 年冬至 1994 年夏，出版季刊，有声于时。忆 1994 年冬，乘至美开会之便，蒙友人由矽谷（Silicon Valley，又称硅谷）逶迤驾驶至山区博物馆及学会会所，承柯惕思等数位陪同参观。博物馆西式建筑，陈设明式家具，几榻合度，全无格格不入之感，徜徉其中，摩挲之乐，令人忘返（图 1、图 2）。部分藏品，昔在店肆，亦曾寓目，见之颇觉如遇故人。

　　又如藏品 24 例，三弯腿方凳成对，相类一件，最先载录《明式家具珍赏》，四足末端因残损截去，改装托泥，为北京硬木家具厂藏。另外一对，加州中国古典家具学会旧藏，腿足完整。北京硬木家具厂，前身即为"龙顺成"，90 年代，余曾一往，与该厂王师傅，有一面之雅。室内大柜多对，又有大架子床牙子数件，其一为紫檀，浮雕明式龙纹。架子床多以黄花梨制，紫檀制而具明式风格者，可谓稀有。车间外之景象，令人唏嘘，拆散家具构件，堆积如山，日晒雨淋，中见有雍正风格描金黑漆罗汉床扶手，其为御制无疑。

　　至于藏品 50 四屉桌，与拙藏四屉桌相似（见香港艺术馆编《博古存珍：敏求精舍金禧纪念展》〔2010〕第 330 号），两桌抽屉纹饰基本一致，惟案面有翘头与平头之别。拙桌入藏，颇为曲折，足堪一记。20 世纪 80 年代末，余在英伦医院工作，周末至某郡，行经一珠宝店，见有清代广式酸枝嵌理石坐椅一张，进店，只雇员一，问尚有其他家具否？答曰：无，但私藏一件，愿供鉴赏。遂约时再往。

　　数月后过访，乃一 18 世纪大宅分割之地库单元，居室狭隘，然陈置清雅，四屉桌上置中国瓷器数事，顿为全室亮点。余询此桌，得自何方，答乃该镇某古玩商旧藏，古玩商去世，全屋收藏由苏富比就地设帐篷拍卖，所得英镑七位数字有余，其时明式黄花梨四出头单具坐椅，不过价英镑四位数字而已，可见此古玩商收藏之富且精也。余向店主求让，曰：深爱之物，无意转手。至一九九三、一九九四年，店主已迁往新居，转业改营旧书，适遇英伦经济低迷，房费之外，尚需养妻活儿，一时捉襟见肘，余再三请匀，绌于生计，最后同意。交收之日，余清晨租赁货车，亲自驾驶搬运，付以现钞。临别对桌，店主犹有依依不舍之色。运返牛津，日已过午矣。

王世襄先生尝言："不冤不乐。"董桥先生又曾手书"洞天清录"云："人生世间，如白驹之过隙，而风雨忧愁，辄三之二，其间得闲者，才十之一耳。"刘教授既能偷闲，复于精神领域，获无穷之乐趣，图册行将付梓之余，余喜见其成，谨缀芜言以贺。

乙未立秋于香港华萼交辉楼

后 记

为高必因丘陵，为下必因川泽。

——孟轲（公元前 372—前 289）《孟子·离娄·上》

如果说我能看得比别人更远些，那是因为我站在巨人的肩膀上。

——牛顿（Isaac Newton, 1642—1726）

这是我首部文化艺术专著，对我来说，这创作极具挑战。过程与我习惯叙述的医学文献有些相似，却又不尽相同。两者都要具备一个主题或研究目标，本书就选用明式家具来展现人文景观，资料搜集的过程也类同。研究对象得找有代表性及可反映明末清初人民生活的家具，搜集家具的难处甚多，除金钱以外，也要机缘巧合，才找到真正的收藏品。

与医学研究不同，明式家具之美，有很大的主观性。要表达这优美形态，须找好的摄影师。在精细的灯光控制下，家具本身的颜色、皮壳才得以表现出来，然而，家具的优点摄影师是不一定可以捕捉到。起初，相片与心目中的要求往往有落差，只好将家具搬回摄影室重拍，工程浩繁，亦有可能令家具受损。其后，我把家具先置于家中，坐卧观之，亦用相机拍摄构图，从不同的角度，局部拍摄或整件拍摄，找出了理想角度，才转交专业摄影师拍照，以充分凸显明式家具的精美之处，冀与读者共赏之。然"意态由来画不成"，明式家具之美，实不能不看实物。

2015 年是王世襄先生在香港三联书店出版《明式家具珍赏》三十周年的日子。这部明式家具经典之作，启发了我对明式家具的兴趣及其发展的思考。王先生治学一丝不苟，这书与其后的《明式家具研究》，不但资料宝贵，图片精美，其对家具的形制、分类、流传及榫卯的结构有划时代的真知灼见，实为明式家具研究中的"规矩准绳"，我尤喜那准确的索引。黄天先生作为此书的编辑，实在功不可没。

建基于王先生的贡献，明式家具开始受到广泛重视，成为收藏家及研究者的对象。*Orientation* 杂志，载录了探索明式家具的专题论文；出版了 16 期的 *Journal of the Classical Chinese Furniture Society*，是刊登研究中国古典家具的专门期刊。在中、西学者努力下，中国家具的历史、演变、形制、结构、装饰及真伪，已有了极其详尽的论述。20世纪80年代，大量明式家具在香港市场涌现，经前辈收藏家及博物馆收藏、整理，为明式家具研究提供了实物资料，以"明式家具学"来形容目前研究明式家具的情况，实不为过！

对一个从小就用英语的我来说，写一部中文书实是困难重重。虽然我十分喜欢中国的历史及诗文，但只限于欣赏，而非创作。我向好友香港大学中文学院林光泰教授请益，光泰也是家具爱好者，对本书贡献良多。今次难得的是主编过王世襄先生两部经典的黄天先生在三十年后再度出手，出任本书的编审：对编辑工作，他驾轻就熟；对家具认识，他深入全面，蒙他审阅赐正，又撰写《绪言》，对本书大有裨益。又承黄天先生之助，请到曾参与王老两部经典着作的美术编辑马健全小姐及设计师陆智昌先生协助，他们作风严谨，使本书得以精益求精，这委实是我的幸运。我的好友何孟澈医生，是香港著名泌尿科主任，国学修养深厚。他不但替我书写我的晏如居铭，更复撰写跋语，叙述对本书中数件明式家具的卓见。香港大学美术博物馆的总监罗诺德（Florian Knothe）博士，也是在创作本书时认识的。想不到他也是家具专家，对西方家具发展深有研究，其文章阐述了18世纪法国家具的制作情况及受中国家具的影响。更深感明式家具的发展，实可借鉴法国制度化形成的经验，走上更高的台阶。更感谢香港大学美术博物馆为本书藏品举办展览，盼能得各方专家赐教，有所广益。

本书的家具，除一部分是从拍卖场买回来外，其他的都是间接或直接从香港几家著名的明式家具行家找来。这些老行家不但给我推荐了很多优质的家具，又与我交流他们多年累积的经验，从他们身上，我确实学了不少知识。众多好友藏家也给了我不少精辟宝贵的意见。这些经验和收藏的乐趣，希望读者能透过本书一同分享。

刘柱柏

晏如居主人

2016 年 3 月 29 日

附　录

中、法家具的互动：从法国"旧制度"时期家具制作的启发

罗诺德（Florian Knothe）

香港大学美术博物馆总监

引言

　　中国明清时期的工艺，尤其是家具、漆器及瓷器，对法国的工艺美术品有着深远的影响。巴黎的家具木匠特别喜欢外来的文化设计。他们把亚洲的设计，物料如瓷器、漆器，以至饰棵格雕刻，加进他们的设计，使之成为"法国"样式成为时尚。与此同时，法国的工艺设计，亦有反映到清家具上。中国明清时期，皇家家具工匠作坊虽已形成，但未能像法国家具行业般具备制度化，只属匠人，没有得到适当的尊重及得到广大民众的认同，亦鲜有在家具作品上刻上他们的名字及制作年代。

　　法国"旧制度"（Ancien Régime）时期（1610—1789）家具的设计风格广受青睐，被欧美家具设计师们纷纷效仿，有着重要的历史意义，甚至在中国也风行过一段时间[1]。这些家具的工匠和设计师，有些更成为路易十四（Louis XIV，1638—1715）时代的御用装饰大师，位居法国历史上最具影响力、最受尊重的名人之列。17 至 18 世纪，法国人口迅速增长，三倍于英格兰人口，而巴黎及其周边的塞纳河谷是人口最稠密的区域。这个地区便成为了奢饰品制造和交易的中心，以及行会集中地。这些行会是中世纪的专业性协会，它们保护工匠和工人组织的权益，以确保他们的社会地位和生意。因应发展，当时形成了三类组织：行会体系、御用工坊和经销商，而他们都会雇用不同背景、不同行当中有才华的艺术工匠。如此一来，法国家具还受益于来自国外的技术与格调，比如黑檀木和红木贴面，这种用法最初分别来自欧洲的平原低地国家和英格兰。同时，家具的制作手法也有受到德国的影响。该时期的装饰家和打样人，包括"中国风"潮流的引领者们，带来了许多具有东欧风格的设计，使一批前所未有、极尽奢华的艺术品得以面世。

在 1789 年法国大革命后，法国皇室改变了一贯的奢侈作风，以标志政治革新，迎合社会变化，并出口至外国，尤其是英格兰。但意料之外的是，这些交易反而更在国外为法国"旧制度"的显赫风光打了广告，其"家具制作的黄金时代"的地位更加巩固。直到今天，这时期的家具仍是法国和全世界收藏家都争取搜罗的收藏品。

家具制作所遇到的影响：行会体系，御用工坊，城市和教会

1588 年，托斯卡纳大公爵在佛罗伦萨建立起几个名为"宝石"的工作坊，以支持当地镶嵌玉石工艺的发展。这个意大利公爵树立了皇室对艺术赞助的典范，使得法国皇室也想要通过这样的形式证明自己的财富和地位。于是路易十四登位后，即于翌年（1662）创立了戈布兰皇家王冠家具制造厂[2]。除了卢浮宫有一群单独作业的御用工匠外，戈布兰也容纳了很多工作坊，让大批有着不同专长背景的工匠们在一个屋檐下工作，艺术成为了传达政治权力和"太阳王"（Roi-Soleil）光辉统治的宣传工具。

夏尔·勒·布伦（Charles Le Brun，1619—1690）是皇家制造厂的第一任主管，给予工匠们自己设计的权利。他除了聘用本国艺术家，同时也邀请世界各国的顶级工匠到巴黎，引入国外的技艺，丰富了艺术的种类，从而促进法国的工艺水平。

当中有来自托斯卡纳"宝石"镶嵌工坊的专家，也有来自荷兰、尼德兰地区及德国的橱柜工匠。戈布兰成为一个独特的艺术中心，产量惊人，尤以创立后的前三十年，适逢凡尔赛宫的兴建，从而带来巨大的家具和室内装饰品的需求。

巴黎的家具制造业取得如此辉煌成就，其声誉很快便传遍法国和整个欧洲，让路易十四王朝的权势更加深入人心。更多的外国工匠和艺术家被此吸引，纷纷前往巴黎寻找工作。然而，对其中大多数技师来说，在巴黎安家、建立自己的工作坊并不容易，除了语言障碍外，最大的问题是他们被各类行会拒之门外。

法国的行会体系历史悠久，且权力很大。历史记录显示木工行业在 1290 年已被分为两个协会：木匠和制箱师傅[3]。其后，从制箱师中又分出两个行会：用实木制作家具的 menuisiers（椅子、床和墙台等的细木作工匠）和制作贴面家具的 ébénistes（橱柜工匠）。17 世纪下半叶，家具制造业日臻成熟，marqueteurs（镶嵌切割师）又从 ébénistes 中分出，而 tourneurs（铁匠）和 sculpteurs（雕刻师）又从 menuisiers 中分离出来。

随着艺术的地位得到提升，这些行会也就变得愈加强大。每个行会都会保护自己的成员和他们的生意不会受其他行会、尤其是外国人来抢占。各种工艺和产品的分界和定义都非常明确，但是行会之间还是争吵不绝。

所有行会都必须有国王的认可，它们的会员需要定期缴纳会员费，这些收入在纳税范畴内。行会所有的税后资金则用于支持和帮助会员，譬如贫穷的技师、技师的遗孀、生病或残疾的技师等等；资金也被用于庆典和葬礼，以及举行行会内的宗教会议。这个体系还操控着技师学徒的训练，并评定哪些技工可以成为大师级工匠。一般来说，工匠需要度过三年的学徒生涯，并以普通技工身份工作三年以上，才能获得资格创作一件符合大师级水准的作品，用它来申请大师资格[4]。一旦一位普通技工被晋升成为大师（maître），他需要立即交纳入会费。

卢浮宫、戈布兰和阿森纳（戈布兰工坊的一个后期分支）的御用工匠们就幸运多了，他们不在行会管辖范围内，可以直接在他们皇室资助人的安排下自由工作[5]。纵观这些工匠的创作年代，外国工匠永远在御用工坊里占有一席之地，而且所有的工匠都有权利进行跨工种创作，这在行会体系中是禁止的。蕾欧拉·奥斯兰德指出，"也许正是因为这些工匠可以自由创作，他们的作品常常在材料和技艺上表现出非凡的造诣，为御用家具风格独特的创造性提供了土壤……"让－亨利·里森内（Jean-Henri Riesener，1734—1806）的作品似乎印证了她的观点。橱柜大师里森内以高质量的木工技艺和对铜镀底板的完美烧铸和镂刻闻名于世[6]。

橱柜工匠在皇家制造厂工作满六年，没有不交常规费用也能成为大师。外国工匠在法国生活十年以上就可以归入法国籍。御用工匠有培养学徒的权利，学徒如在完成训练后无法留在皇家工坊，他们有权加入行会。

如此的政治决定非常重要。从中不难看出艺术创作和工艺水准是多么的受关注，行会的大师们不仅想办法吸引御用工匠加入自己的行会，甚至常常嫉羡他们的种种特权。多数御用工匠为皇室工作直到退休，他们可以领养老金，但是不同于行会技工们，他们的工坊和工作是不能被继承的，所以鲜有御用工匠建立起显赫的家族声誉。

在 17 至 18 世纪超过三分之一的巴黎橱柜工匠是第一或第二代移民。路易十四时期（1643—1715），大多外国橱柜技工来自尼德兰或荷兰，而路易十五和十六时期（分别是 1715—1774 和 1774—1791），外国工匠中有很多是德国人[7]。德国杰出橱柜工匠的代表，他们的职业生涯和其创作中体现出的合作精神在他们的圈子和时代中是非常典型的。让－皮埃尔·拉茨（Jean-Pierre Latz，1691—1754，约 1739年成为特许御用橱柜师）和约瑟夫·鲍姆豪尔（Joseph Baumhaue，？—1772，约 1749 年成为国王特许橱柜大师兼经销商）等家具工匠中的多数人既不是御用工匠，又被行会排斥，而只有行会成员才能在巴黎立足，因此他们难以在城中建立自己的工作坊。外籍工匠们被迫转移阵地至巴黎城郊，而那边的土地归各寺院和修道院掌管（图 1）。譬如位于巴士底（Bastille）区东侧的圣安东郊区（Faubourg Saint-Antoine）就是一个工匠集中地，这个区域的宽广空间利于创作和储藏，而且坐落于河畔，这些优势都被工匠们所利用[8]。圣安东郊区自 1417 年以来为田园圣安东熙笃会女修道院（Abbaye Saint-Antoine-des-

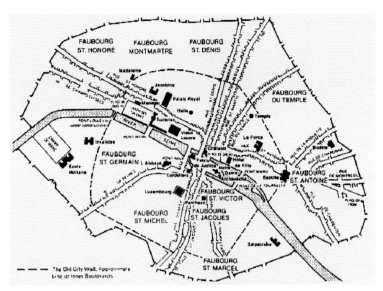

图1　引自约翰·帕克斯顿（John Paxton），《法国大革命指南》（*Companion to the French Revolution*），牛津（Oxford）：Facts on File Publications，1988

Champs）所有，寺院给了被行会排斥的外国工匠们一定的政治自由[9]。

　　所有在郊区进行创作的工匠都会依据自己的需要来组织自己的工作坊，他们的家族成员也会参与其中。然而，他们不被允许雇用普通技工或教授学徒，也不能跨工种作业。这些工作坊的规模天差地别，大多数工匠在自己的房间独自工作，或和他们的家庭成员一起工作。后来，在18世纪后半叶，更大的工作坊被建立起来，它们的主人往往是已经获得了行会资格，是依然留在郊区工作的大师。这些工作坊的雇员数可以高达60人，虽然如此的规模可以进行标准化、工厂式的制作，但是这些技工的创作都是独立并具有原创性的。御用衣橱制作者让－巴普蒂斯特·布拉尔（Jean-Baptiste Boulard，1725—1789，1755年成为大师）和皮耶·杜培思（1766年成为大师）都是细木作工匠和行会大师，并都在郊区工作，有着辉煌的职业生涯。他们的工作坊能够进行多种工艺的创作，并雇有掌握各种技艺的技工，这些技工与单独在家作业，只专攻一种产品的技工很不同（参见图2、图3）。

　　尽管建于独立地带，郊区工作坊常有行会仲裁员登门，运用他们的权力视察和没收家具。行会并不能有效地影响郊区的家具制造业，但是他们可以阻碍这些产品的销售，并将其视为非法。这样的视察一年四次，其官方目的是找到不合格产品，但实际上是为他们对这些工作坊的歧视找借口，从而防止郊区工匠和行会工匠间有任何交易合同的产生。

　　事实上，很多大师级橱柜工匠和细木作工匠，尤其是橱柜工匠兼经销商，会从这些外国人开的工作坊进货（这些产品不被批准带有原制作者的姓名或商标），再贴上自己的商标转卖出去。只有行会大师才有资格为他们自己的家具贴商标，或给其他行会成员的作品贴上标识，并保护自己的权益，让自己和

图 2

图 3

图 4

图 5

其他工匠区分开来。然而，依然有很多客户会去购买外国工匠的产品，不管是直接购买（行会非常不喜欢这种方式）还是通过中间人的店铺（即经销商户），都希望得到这些未被认可的工艺品。

许多经销商会赞助郊区工作坊，他们其后成为了主要的家具和装饰品发行商，从事奢侈品交易，为富裕的客户提供精美绝伦的艺术品。这个市场的客源很少，多是贵族成员或金融家；但奢侈品的间接销售在当时是个新奇事物，让客户不用直接从工匠那里买东西。然而普通家具还是由工作坊直销的，经销商只做法国或外国高级货品的生意。

这些店家的影响力之大，形成了一个非常现代化的销售系统，从 19 到 20 世纪，直到今天都还存在。客户从一家到另一家，在眼花缭乱的选择中挑产品。从这时开始，买东西成为了一件社交活动，商家都开始在巴黎圣奥诺雷街（rue Saint-Honoré）和其附近开店。谁都可以在这条街上逛逛，见见朋友，并购买一些高端礼品甚至挑选自己的心头爱来装满整个家居。巴黎成为了全世界最有品味的地方之一，有着数不尽的商店和奢侈品。尤其在 19 世纪，工业革命为中产阶级带来了更多的财富，最早的一批大商场和百货公司因而诞生（譬如 Le Bon Marché 百货公司和老佛爷百货公司〔Galeries Lafayette〕），购物成为了不同阶层人群共同的娱乐活动[10]。

经销商，"什么都卖，什么都不做"[11]

巴黎经销商最早有自己行会的记录是在 1137 年，最早颁布行会条例则是 1268 年。在 1740 年代初，家具商人需要维护自己的地位，这时行会组织的作用就更重要了。家具经销商们可以销售有商标和无商标的家具。一些商人一边经营，一边还做设计，他们对于家具设计和制作有很大的影响。他们会根据自己的设计向各工种的作坊订制瓷器、有色玻璃饰板、镀铜底板等装饰品，同时也会将二手亚洲漆板提供给橱柜工匠，这些工匠就把所有材料部件组装起来，制作出一批那个年代最受欢迎的家具。

经销商的影响涉及家具制造的有关行业。他们与家具制造者合作，包括著名的范里森伯格家族（Bernard Van Riesen Burgh，以缩写 BVRB 为标识），马丁·卡尔林等，采用一种不同以往的方式：以本国漆仿制亚洲漆，以此获利。卡尔林是德国人，在城外建工作坊，加入行会后一直留在圣安东郊区。而 BVRB 更为出名的是采用中国和日本的漆板来装饰家具（图 4），卡尔林则采用当地的技术（如图 5）——马丁兄弟（Guillaume Martin，Etienne-Simon Martin）的一个工作坊在模仿异国风格的漆艺上获得了巨大成功，那是在器物的表面连续涂几层不透明的漆，使得外观看起来近似日本漆的图案。

迈克尔·索恩舍（Michael Sonenscher）曾描述衍生出大量分包的状况，包括画家、车工、玩具制造者、雕塑师、金属铸造工、珠宝匠、镀金工和皮革工（所有这些人都会雇用他们自己的佣工和学徒）都已成为马丁工作坊的常规供应商[12]。

漆匠马丁提到相关的产品和服务是由这些分包商来提供，比如"马丁漆"（Vernis Martin，仿中国漆）的产品。

这种漆受到欢迎并产生许多影响，产品的形象及样式都显示了"旧制度"后期崇尚亚洲风，以及从中获取的创作灵感[13]。

至 18 世纪，一些来自经商家庭背景的商人建立起自己商贸的帝国，坐拥权势和财富。他们有钱向最好的工匠订做部件，并使用最上乘的原材料。如此一来，他们不但极大地丰富了原料的使用，还推出原创设计，在家具制作中使用非传统的材料和技艺，创作出很多装饰华丽、无比精美的艺术品。他们的主要客户是王公贵族，所以下血本制作最独特、精致和奢华的家具来满足这些客户[14]。经销商的雄厚财力使他们可以结合不同的物料来制作家具，更给他们带来了政治和社会地位。他们没有制作家具的权限，但是可以任意设计家具，使用传统物料和工艺，甚至可以废弃工匠们需要遵照的限制条例。因此，对于同样将产品直销给客户，但却要遵守各式规章、难以跨工种作业的大师级工匠们来说，经销商便成了他们强劲的竞争对手。

除了隐瞒新售作品的真正作者，他们还购买旧的家具或工艺品，将它们拆卸后再把其中珍贵的材料进行重新利用。路易十五时期，皇宫内举办过四次家具展销，分别在 1741 年、1751 年和 1752 年，许多被视为过于"老派"的路易十四时期家具在卢浮宫和杜伊勒里宫（Palais des Tuileries）被出售[15]。一些经销商购买后，他们会将家具转售，或是拆散后收集它们的珍贵部件、材料[16]，然后再设计重做时尚家具。

大多数橱柜工匠赚不了多少钱，也没有积蓄，这其实是经销商所为。只有商人才有足够材料赞助最好的工匠，并让自己的设计变成实实在在的产品。埃贝尔、普瓦里耶和达盖尔等商人会提供给不同工作坊以及相似或是相同的部件，让他们制作自己设计的家具，因此出现各个独立作坊可能做出很相似的家具，如果不是因为经销商的安排，这种情况的比率是很低的[17]。

总结

古代巴黎经销商建立了一个当代人再熟悉不过的经济体系。在 18 世纪，许多店铺销售艺术品、家具及装饰品，而顾客从大量高端产品中做出购买选择。产品考究的外观和精致程度是非常受重视的，但产品的来源和工匠的背景却被高级店铺的华美氛围所掩盖。另外，商人经常设计产品，或至少对产品设计有很大的影响力，他们对材料运用没什么经验，但是非常通晓奢侈品市场的运作和顾客的需求。他们的成功建立在对独立性和质量的追求上，而对不同工作坊的支持让他们能获得杰出的作品，这使得他们积累大量财富并得到更高的社会地位。这些匠师透过只有他们能见到的从中国所进口的工艺品，以及本土的特别要求（如塞弗尔瓷板）使中国式设计成为一种风气。

另一方面，行会致力于打造一个造福大众的体系。他们的黄金时代在 18 世纪，那时他们有着强大的政治地位，其成员的艺术造诣和专业程度也是首屈一指的。他们积极促进生产标准化、现代技术革新以及部分建立在政治体系和专业分工之上的生产方式。同时，激烈的竞争以及机械和标准化生产对资金的大量需求导致了小型专业性作坊的没落，在那些作坊工作的、拥有高超技艺和单独作业的工匠亦不再受宠。

注释：

1 Ancien Régime(旧制度)是法语中的一个专用词,通常特指法国古代王朝的社会和政治体系(尤其是 17 至 18 世纪的波旁王朝〔Maison de Bourbon〕时期),随后在 1789 年被法国大革命推翻。

2 在 17 世纪，许多艺术院校都建在巴黎。1635 年，法国学院（Académie française）在路易十三的领导下成立，皇家绘画雕塑学院（Académie royale de Peinture et sculpture）和皇家建筑学院（Académie royale d'Architecture）也分别在 1648 和 1671 年创办。见罗诺德（Florian Knothe），《路易十四的戈布兰皇家王冠家具制造厂：一段社会、政治和文化历史》（*The Manufacture des meubles de la couronne aux Gobelins under Louis XIV: a Social, Political and Cultural History*），布鲁塞尔（Brussels）：Brepols Publishiers，2015 年。

3 见蕾欧拉·奥斯兰德（Leora Auslander），《品味与权力，现代法国装潢》（*Taste and Power: Furnishing Modern France*），伯克利和洛杉矶（ Berkeley and Los Angeles ）：University of California Press，1996 年，页 78。

4 如今法国各行会的规章依然和 18 世时的很相似，而德国现在的技工晋升体系和文中描述的一模一样。

5 像安德烈·夏尔·布勒（André-Charles Boulle，1642—1732，御用橱柜师、镶嵌师、镀金师和雕刻家）这样的杰出工匠因他们的御制作品而深受尊宠，他们的住所也会被安排在他们的工作坊附近。布勒曾在卢浮宫寄宿长达六十年。

6 同注 3，页 92。

7 最著名的外国橱柜工匠包括亚历山大 – 让·奥佩诺德（Alexandre-Jean Oppenordt，约 1639—1715），他是来自尼德兰的移民，在寺院郊区（Faubourg du Temple）生活工作，而后在 1684年获得在卢浮宫的寄宿权；还有来自布鲁塞尔的科里亚德家族（马蒂厄·科里亚德〔Mathieu Criaerd，1689—1776〕，1738 年成为大师；安东 – 马蒂厄·科里亚德〔Antoine-Mathieu Criaerd，1724—1787〕，1749 年成为大师；塞巴斯蒂安 – 马蒂厄·科里亚德〔Sébastien-Mathieu Criaerd，1732—1796〕，1762 年成为经销商）。来自德国的橱柜工匠有让 – 皮埃尔·拉茨和约瑟夫·鲍姆豪尔，马丁·卡尔林（Martin Carlin，约 1730—1785，1766 年成为大师），纪尧姆·贝内曼（Guillaume Benneman，1785 年成为大师，死于 1811 年），亚当·维斯维勒（Adam Weisweiler，1744—1820，1778 年成为大师），伯纳德·莫里托（Bernard Molitor，1755—1833，1787 年成为大师）以及加斯帕·施耐德（Gaspard Schneider，1786 年成为大师）。见亚历山大·普拉代尔（Alexandre Pradère），《法国橱柜工匠：从路易十四至大革命时期》（*French Furniture Makers: The Art of the Ébéniste from Louis XIV to the Revolution*），伦敦：Sotheby's Publications，1989 年。

8　外国工匠还在其他修道院附近设立工作坊，如圣让德拉特朗（Saint-Jean-de-Latran），圣但尼德拉沙特尔（Saint-Denis-de-la-Chartre）和寺院郊区。

9　这个名字就体现了它中世纪乡村的特性（"田园"〔champs〕即是"乡村"之意）。

10　见迈克尔·B·米勒（Michael B. Miller），《Bon Marché 百货公司：布尔乔亚文化和百货公司1869—1920》（The Bon Marché: Bourgeois Culture and the Department Store, 1869-1920），普林斯顿（Princeton）: Princeton University Press，1981 年。

11　亚历山大·普拉代尔（见《法国橱柜工匠：从路易十四至大革命时期》，页 30）从丹尼斯·狄德罗（Denis Diderot）和让·勒龙·达朗贝尔（Jean le Rond d'Alembert）编写的《百科全书》（Encyclopédie ou Dictionnaire raisonné des sciences, des arts et des métiers，巴黎，1751—1772 年）中找到这个描述。他本人更加详细的解释是：有权销售特定商品的商人（包括进口商品），但是他们不可以自己制作产品。见普拉代尔《法国橱柜工匠：从路易十四至大革命时期》，页 433。

12　Michael Sonenscher, "The Parisian luxury trades and the workshop economy", in Work and Wages: Natural Law, Politics and the Eighteenth-Century Trades, Cambridge: Cambridge Univresity Priess, 1989, p. 228.

13　Copal varnish was called vernis de Paris, firstly, than, most commonly, "Vernis Martin". At the royal workshops the term "Vernis de Gobelins" was used since the introduction of Dagly's varnish in 1713.

14　记录显示多米尼克·达盖尔（Dominique Daguerre，约 1740—1796）在 1784 年 1 月为路易十六提供了一张秘书桌，放在凡尔赛宫，并在同年为玛丽·安托瓦内特（Marie Antoinette）提供了一张写字台（印有亚当·维斯维勒的印章），两件作品都精美绝伦，非常奢华。见彼得·休斯（Peter Hughes），《华莱士藏品，家具总目》（The Wallace Collection, The Catalogue of Furniture），伦敦：The Trustees of the Wallace Collection，1996 年。

15　见国家档案（Archives Nationales）O/1/3659 和 O/1/3660，内有巴黎杜伊勒里宫"老家具"展销的登记记录。

16　克洛德 - 弗朗索瓦·朱利奥（Claude-François Julliot，1727—1774）就是这样一位商人。他出身著名经销商世家，并专攻 1769 年至 1789 年间出产的布勒家具。朱利奥被称为"珍宝经销商"，并在巴黎的梅吉塞里耶沿河路（Quai de la Mégisserie）有自己的生意。见普拉代尔《法国橱柜工匠：从路易十四至大革命时期》，页 34。

17　托马 - 若阿基姆·埃贝尔（Thomas-Joachim Hébert，1687—1773）是当时最重要的商人之一，他在梅吉塞里耶沿河路开了第一家店，而后在 1745 年前后搬往圣奥诺雷街，就在卢浮宫和杜伊勒里宫附近。埃贝尔的专长是漆器，他是一位皇宫特许经销商，在 1737 年和 1747 年间为法国皇家提供家具。另一著名商人，拉札尔·度沃（Lazare Duvaux，1703—1758），是一位"中产经销商"的儿子。他最早在马内街（Rue de la Monnaie）开店，而后在 1752 年租下了埃贝尔的店，很可能延续了埃贝尔的生意。度沃的首席橱柜工匠是鲍姆豪尔。西蒙 - 菲利普·普瓦里耶（Simon-Philippe Poirier，约 1720—1785）是另一位很有影响力的经销商，他来自富裕家庭，其父也是一位经销商。18 世纪 60 年代，普瓦里耶专攻带有瓷器饰板的家具，并成为了塞夫勒（Sèvres）制造厂的重要客户。塞夫勒的库存记录显示他在 1758 年至 1770 年间买下了价值近 70 万里弗的瓷器。普瓦里耶在瓷器业有了垄断地位，为圣安东郊区的 BVRB、卡兰、鲍姆豪尔和 RVLC 工作坊提供瓷器饰板，以让工匠为自己制作家具。1772 年，达盖尔成为了普瓦里耶的姻亲，于是和他成为生意伙伴。五年后，达盖尔掌管了整个公司，当时公司所有货品的总值为 505,929 里弗（以及 286,497 里弗的负债）。他继续经营装饰精美的家具，对铜底板尤为有兴趣。见普拉代尔《法国橱柜工匠：从路易十四至大革命时期》及卡罗琳·萨金特逊（Carolyn Sargentson），《商人和奢侈品市场》（Merchants and Luxury Markets），伦敦：Victoria and Albert Museum，1996 年。

参考书目

Aprà, Nietta, *The Louis Styles: Louis XIV, Louis XV, Louis XVI*, London: Orbis Publishings, 1972.

Auslander, Leora, *Taste and Power: Furnishing Modern France*, Berkeley and Los Angeles: University of California Press, 1996.

Boyce, Charles, *Dictionary of Furniture*, New York: Roundtable Press Inc., 1985 .

Boutemy, Andre, *Meubles français anonymes du XVIIIe siècle*, Bruxelles: Editions de l'Université de Bruxelles, 1973.

Castries, Duc de, *King and Queens of France*, London: Weidenfeld and Nicolson, 1979.

Encyclopaedia Britannica, vols. IV and VII, Chicago: Encyclopaedia Britannica Inc., 1978.

Forray-Carlier, Anne, *Le Mobilier du Musée Carnavalet*, Dijon: Editions Faton, 2000.

Hughes, Peter, *The Wallace Collection, The Catalogue of Furniture*, London: The Trustees of the Wallace Collection, 1996.

Janneau, Guillaume, *Les Sieges, le Mobilier français*, Paris: Les Editions de l'Amateur, 1993.

Jarry, Madeleine, *Le Siege Français, de Louis XIII a Napoleon III*, Paris: Edition Charles Massin, 1999.

Kjellberg , Pierre, *Le Meuble Français*, Paris: Les Editions de l'Amateur, 1991.

Kjellberg, Pierre, *Le Mobilier Français Du XVIIIe Siècle*, Paris: Les Editions de l'Amateur, 2002.

Knothe, Florian, "French Furniture? Foreign Artisans in Paris during the Ancien Régime", in *The Magazine Antiques*, February 2009, pp. 46-51.

Knothe, Florian, *The Manufacture des meubles de la couronne aux Gobelins under Louis XIV: a Social, Political and Cultural History*, Brussels: Brepols, 2015.

Ledoux-Lebard, Denise, *Le mobilier français du XIXe siècle*, Paris: Editions de l'Amateur, 1989.

Miller, Michael B., *The Bon Marché: Bourgeois Culture and the Department Store, 1869-1920*, Princeton: Princeton University Press, New Jersey, 1981.

Nicolay, Jean, *L'art et la manière des maîtres ébénistes français au XVIIIe siècle*, Paris: Edition Pygmalion, 1976.

Packer, Charles, *Paris Furniture by The Master Ébénistes*, Newport: The Ceramic Book Company, 1956.

Pallot, Bill GB, *L'art du siege au XVIIIe siècle en France*, Paris: Editions ACR-Gismondi, 1987.

Pallot, Bill GB, *Le mobilier du Musée du Louvre*, Dijon: Editions Faton, 1993.

Paxton, John, *Companion to the French Revolution*, Oxford: Facts on File Publications, 1988.

Payne, Christopher, *Sotheby's Concise Encyclopedia of Furniture*, London: Conran Octopus Ltd., 1989.

Paulin, Marc-André , "Reizell, Ébéniste du Prince de Condé", in *L'Estampille l'Objet d'art*, n°

453, 2010, pp. 38-49.

Pradère, Alexandre, *French Furniture Makers, The Art of the Ébéniste from Louis XIV. to the Revolution*, London: Sotheby's Publication, 1989 (translated by Perran Wood).

Rieder, William, "BVRB at the Met", in *Apollo Magazine*, vol. 139, edited by Robin Simon, London: Apollo Magazine LTD., 1994 .

Salverte, François Comte de, *Les Ébénistes Du XVIII Siècle, Leurs Oeuvres et Leurs Marques*, Paris: F. de Nobele, 1962.

Sargentson, Carolyn, *Merchants and Luxury Markets*, London: Victoria and Albert Museum, 1996.

Savill, Rosalind, *Catalogue of Sèvres Porcelain*, London: The Trustees of the Wallace Collection, 1988.

Souchal, Genevieve, *French Eighteenth-Century Furniture*, London: Weidenfeld and Nicolson, 1961 (translated by Simon Watson Taylor) .

Verlet, Pierre, *French Royal Furniture*, London : Barrie and Rockliff, 1963.

Verlet, Pierre, *Les Meubles Français du XVIIIe Siècle*, Paris: Presses Universitaires de France, 1956.

Viaux, Jacqueline, *French Furniture*, London: Ernest Benn Ltd., 1964 (translated by Hazel Paget).

Wannenes , Giacomo, *Le Mobilier Français Du XVIIIe Siècle*, Milano: Bocca Editori, 1998.

Wiegand, Claude-Paule, *Le Mobilier Français, Transition, Louis XVI*, Paris: Edition Massim, 1995.

参考文献

现代文献

洪光明：《黄花梨家具之美》，台北：南天书局，1997。（Ang Kwang-ming, John, *The Beauty of Huanghuali Furniture: a Collection of Fine Huanghuali Furniture*, Taipei: Nantian Shuju, SMC Publishing Inc, 1997）

北京市颐和园管理处编：《颐和园明清家具》，北京：文物出版社，2011。

Berliner, Nancy, *Beyond the Screen: Chinese Furniture of the 16th and 17th Centuries*, Boston: Museum of Fine Arts, Boston, 1996.（南希·伯利纳编著：《背倚华屏：16 与 17 世纪中国家具》）

陈传席编：《海外珍藏中国名画（晋唐五代至明代）》上册，天津：天津人民美术出版社，2010。

Christies's (ed), *The Mr and Mrs Robert P. Piccus Collection of Fine Classical Chinese Furniture*, New York: Christie's Catalogue, 18 Sept 1997.

Christies's (ed), *The Imperial Sale: Important Ceramics and Works of Art*, Hong Kong: Christie's Catalogue, 27 May, 2009.

Christie's (ed), *Important Chinese Ceramics and Works of Art*, Hong Kong: Christie's Catalogue, 1 December 2009.

庄贵仑编：《明清家具集萃》，香港：两木出版社，1998。（Chuang Quincy, *The Chuang Family Bequest of Fine Ming and Qing Furniture in the Shanghai Museum*, Hong Kong : Woods Publishing Co., 1998）

菲利浦·德巴盖编：《永恒的明式家具》，北京：紫禁城出版社，2006。（DeBacker, Philippe, *Eternal Ming Furniture*）

Ecke, Gustav, *Chinese Domestic Furniture*. New York: Dover Publication, 1986.（古斯塔夫·艾克著：《中国花梨家具图考》）

Ellsworth, Robert H., *Chinese Furniture: One Hundred Examples from Mini and Raymond Hung Collection*, Vol. I, New York, 1996.（安思远编著：《洪氏所藏木器百图》卷一）

Ellsworth, Robert H., *Chinese Furniture: One Hundred Examples from Mini and Raymond Hung Collection*, Vol. II, New York, 1996.（安思远编著：《洪氏所藏木器百图》卷二）

远藤佐佐喜撰：《算盘来历考补遗》（《史学》，第十五卷第 2 期），东京：庆应大学三田史学会，1936。

Evarts, Curtis, *A Leisurely Pursuit: Splendid Hardwood Antiquities from the Liang Yi Collection*, Hong Kong: United Sky Resources Limited, 2007.（柯惕思著：《两依藏玩闲谈》）

柯惕思编著：《山西传统家具——可乐居选藏》，太原：山西人民出版社，1999。（Evarts，Curtis，*C. L. Ma Collection of Traditional Chinese Furniture from the Great Shanxi Region*，C. L. Ma Furniture，1999）

Evarts，Curtis，*Classical and Vernacular Chinese Furniture in the Living Environment*，Hong Kong: Yungmingtang，1998.（柯惕思著：《中国古典家具与生活环境》，香港：雍明堂出版，1998）

Evarts，Curtis，"Dating and Attribution: Questions and Revelations from Inscribed Works of Chinese Furniture"，*Orientation*，2002; 33(1) January: 32–39.

Evarts，Curtis，*Liang Yi Collection: Huanghuali*，Hong Kong: United Sky Resources Limited，2007.（柯惕思：《黄花梨：两依藏》）

Evarts，Curtis，"Ornamental Stone Panels and Chinese Furniture"，*Journal of the Classical Chinese Furniture Society*，1994 ;4(2) (Spring Quarter): 4–26.

Evarts，Curtis，"The Enigmatic Altar Coffer"，*Journal of the Classical Chinese Furniture Society*，1994; 4(4) (Autumn Quarter): 29–44.

Evarts，Curtis，"Uniting Elegance and Utility: Metal Mounts on Chinese Furniture"，*Journal of Classical Chinese Furniture Society*，1994; 4(3) (Summer Quarter): 27–47.

Grindley，Nicholas; Hufnagl，Florian，*Pure Form: Ignazio Vok Collection of Classical Chinese Furniture*，Museum für Ostasiatische Kunst K.ln，Munich: Oestreicher + WagnerMedientechnik Gmbh，2004.（尼古拉斯·格林德利、弗洛里安·胡夫纳格尔编著：《简洁之形：中国古典家具——沃克藏品》）

郭学是、张子康编：《中国历代仕女画集》，天津：天津人民美术出版社，1998。

Handler，Sarah，*Austere Luminosity of Chinese Classical Furniture*，Berkeley: University of California Press，2001.（韩蕙编著：《清辉映目——中国古典家具》）

Handler，Sarah，"The Incense Stand and the Scholars Mystical State"，*Journal of the Classical Chinese Furniture Society*，1990; 1: 4–11.

Handler，Sarah，"The Chinese Screen: Movable Walls to Divide, Enhance and Beautify"，*Journal of the Classical Chinese Furniture Society*，1990; 3(3): 4–31.

Handler，Sarah，"The Elegant Vagabond: the Chinese Folding Arm Chair"，*Orientations*，2002; 33(1) January: 146–152.

黄定中编著：《留余斋藏明式家具》，香港：三联书店（香港）有限公司，2009。（Huang Dingzhong，*Liu Yu Zhai Collection of Chinese Furniture from the Ming and Qing Dynasties*，Hong Kong: Joint Publishing (HK) Co. Ltd.，2009）

Jacobsen，Robert D.; Grindley，Nicholas，*Classical Chinese Furniture in the Minneapolis Institute of Arts*，Minneapolis: Minneapolis Institute of Arts，Minneapolis，1999.（罗伯特·雅各布森、尼古拉斯·格林德利编著：《明尼阿波利斯艺术学院藏中国古典家具》）

Kates N.，Geroge，*Chinese Household Furniture*，New York: Dove Publications Inc. 1954.（乔治·凯茨着：《中国家具》）

龙门文物保管所编：《龙门石窟》，北京：文物出版社，1961。

吕章申主编：《大美木艺——中国明清家具珍品》，北京：北京时代华文书局，2014。

马未都著 :《马未都说收藏·家具篇》,北京 :中华书局,2008。

台北故宫博物院编辑委员会编 :《画中家具特展》,台北 :台北故宫博物院,1996。

台北故宫博物院编 :《故宫书画菁华特辑》,台北 :台北故宫博物院,1996。

台北历史博物馆编辑委员会编 :《风华再现 :明清家具收藏展》,台北 :台北历史博物馆,
    1999。

香港市政局艺术馆编 :《好古敏求 :敏求精舍三十五周年纪念展》,香港 :香港市政局,1995。

秦公辑 :《碑别字新编》,北京 :文物出版社,1985。

山东省文物考古研究所 :《济南市东八里洼北朝壁画墓》(《文物》,1989 年第 4 期,页 67—78)。

上海博物馆编 :《上海博物馆中国明清家具馆》,上海 :上海博物馆,1996。

Sotheby's (ed),*Fine Chinese Ceramics and Works of Art*,*including Property from the Collection
    of the Albright-Knox Art Gallery*,New York: Sotheby's Catalogue,19 March 2007,p.36–39,
    Lot 312.

Sotheby's (ed),*Fine Chinese Ceramics and Works of Art*,*including Property from the Collection
    of the Albright-Knox Art Gallery*,New York: Sotheby's Catalogue,19 March 2007,p.49,Lot
    316.

Sotheby's (ed),*An Auction to Benefit The University of Oxford China Centre*,Hong Kong:
    Sotheby's Catalogue,4 October 2011,p.56–57,Lot 2421.

Sotheby's (ed),*Arts d'Asia*,Paris: Sotheby's Catalogue,15 December 2011,P.92‐93,Lot 105.

田家青编著 :《清代家具 (修订本)》,北京 :文物出版社,2012。

王度编著 :《香槛梨床 :王度所藏珍材木家饰辑》,台北 :国父纪念馆,2006。(Wang Du,
    Classical Chinese Furniture and Decorative Arts: the Wellington Wang Collection)

王启兴、张虹注 :《贺知章、包融、张旭、张若虚诗注》,上海 :上海古籍出版社,1986。

王世襄编著 :《明式家具珍赏》,香港 :三联书店 (香港) 有限公司,1985。

王世襄编著 :《明式家具珍赏》,北京 :文物出版社,2003。(中文简体版)

王世襄编著 :《明式家具研究》,香港 :三联书店 (香港) 有限公司,1989。

Wang Shixiang; Evarts,Curtis,*Masterpieces from the Museum of Classical Chinese Furniture*,
    Chinese Art Foundation,Chicago and San Francisco. Hong Kong: Tenth Union International
    Inc,Hong Kong ,1995.(王世襄、柯愓思合编 :《中国古典家具博物馆藏精品》)

王世襄编著、袁荃猷绘图 :《明式家具萃珍》,上海 :上海人民出版社,2005。

文化部恭王府管理中心编 :《恭王府明清家具集萃》,北京 :文物出版社,2008。

叶承耀著 :《楮檀室梦旅 :攻玉山房藏明式黄花梨家具》,香港 :中文大学出版社,1991。(Yip
    Shing Yiu,*Dreams of Chu Tan Chamber and the Romance with Huanghuali Wood: The Dr S.Y.
    Yip Collection of Classic Chinese Furniture*)

叶承耀、伍嘉恩 :《禅椅琴凳 :攻玉山房藏明式黄花梨家具》,香港 :中文大学出版社,1998。(Yip
    Shing Yiu,Wu Bruce Grace,*Chan Chair and Qin Bench: The Dr S.Y. Yip Collection of Classic
    Chinese Furniture II*)

叶承耀、伍嘉恩 :《燕几衎榻 :攻玉山房藏中国古典家具》,香港 :中文大学出版社,2007。(Yip
    Shing Yiu,Wu Bruce Grace,*Feast by a Wine Table Reclining on a Couch: The Dr. S. Y. Yip
    Collectionof Classic Chinese Furniture III*)

赵为民：〈宋代拍板〉，《中国音乐》，1992 年 3 期，页 39—40。

中国古代书画鉴定组编：《中国绘画全集（第 2 卷）·五代辽金 1》，杭州：浙江人民美术出版社，1996。

中国古代书画鉴定组编：《中国绘画全集（第 13 卷）·明 4》，北京：文物出版社，2000。

朱家溍主编：《明清家具（上）》，香港：商务印书馆（香港）有限公司，2002。

中国社会科学院考古研究所编著：《殷墟青铜器》，北京：文物出版社，1985。

中国古籍

（清）曹雪芹：《红楼梦》，北京：人民文学出版社，1982。

（明）曹昭：《格古要论》，《景印文渊阁四库全书》，册 871。

（明）董斯张：《广博物志》，《景印文渊阁四库全书》，册 981。

（唐）段安节：《乐府杂录》，《丛书集成初编》。

（明）范濂：《云间据目抄》，《笔记小说大观》，册 6。

（汉）范晔：《后汉书》，北京：中华书局，1965。

（明）冯梦龙：《冯梦龙全集》，南京：江苏古籍出版社，1993。

（明）高濂：《遵生八笺》，《景印文渊阁四库全书》，册 871。

（明）高攀龙：《高子遗书》，《景印文渊阁四库全书》，册 1292。

（明）高元浚：《茶乘》，《续修四库全书》，册 1115。

（清）谷应泰：《博物要览》，长沙：商务印书馆，1941。

（明）贺复征：《文章辨体汇选》，《景印文渊阁四库全书》。

（宋）黄长睿：《燕几图》，北京：中华书局，1985。

（明）郎瑛：《七修类稿》，上海：上海书店出版社，2001。.

（清）李渔：《闲情偶寄》，《续修四库全书》，册 1186。

（清）李兆洛：《养一斋文集；养一斋诗集》，《续修四库全书》，册 1495。

（清）梁章巨：《归田琐记》，北京：中华书局，1981。

（汉）刘熙：《释名》，《四部丛刊初编》。

（南北朝）刘义庆著，（现代）余嘉锡笺疏：《世说新语笺疏》，上海：上海古籍出版社，1993。

（明）罗欣辑：《物原》，《丛书集成初编本》。

（宋）欧阳修、宋祁：《新唐书》，北京：中华书局，1975。

（汉）司马迁：《史记》，北京：中华书局，1959。

（明）沈德符：《万历野获编》，北京：中华书局，1959。

（明）宋应星：《天工开物》，《续修四库全书》，册 1115。

（明）屠隆：《游具雅编》，《四库全书存目丛书》，册 118。

（清）王昶：《〔嘉庆〕直隶大仓州志》，《续修四库全书》，册 697。

（明）王圻、王思义：《三才图会》，上海：上海古籍出版社，1988。

（明）王三聘：《事物考》，《续修四库全书》，册 1232。

（明）文震亨：《长物志》，《景印文渊阁四库全书》，册 872。

（明）午荣、章严：《新镌工师雕斫正式鲁班木经匠家镜》，《续修四库全书》，册 879。

（清）吴乔 :《围炉诗话》，台北 : 广文书局，1973。

（明）笑笑生，（现代）闫昭典等点校 :《新刻绣像批评金瓶梅（会校本）》，香港 : 三联书店（香港）有限公司，2011。

（明）解缙 :《文毅集》，《景印文渊阁四库全书》，册 1236。

（唐）徐坚 :《初学记》，《景印文渊阁四库全书》，册 890。

（汉）许慎 :《说文解字》《景印文渊阁四库全书》，册 223。

（清）俞樾 :《春在堂随笔》，《续修四库全书》，册 1141。

（清）俞樾 :《俞樾箚记五种》，台北 : 世界书局，1963，册 34—36。

（宋）张端义 :《贵耳集》，《景印文渊阁四库全书》，册 865。

（明）张岱 :《陶庵梦忆》，北京 : 中华书局，1985。

（明）章潢 :《图书编》，《景印文渊阁四库全书》，册 968—972。

（宋）周密 :《武林旧事》，《丛书集成初编》。

网上文章

欧有志 :《刘文平向柯尚迁纪念馆捐赠天三二十七档古算盘》(2014，《吴航乡情》网络版 :http://www.clxqb.cn/ReadNews.asp?NewsID=17792)

编著者简介

刘柱柏

香港心脏专科医生。1981年毕业于香港大学医学院。曾任香港大学医学院讲座教授。于教学科研之余，亦对中国语文有浓厚兴趣，尤好唐诗古文及中国历史。二十多年前偶然接触明式家具，自此立志收藏，经廿年努力，藏品稍见规模，特以明式黄花梨家具，探索明代人文景观。